设计溯源

袁进东 李晴 曹春雨
编著

解析中西方经典设计元素

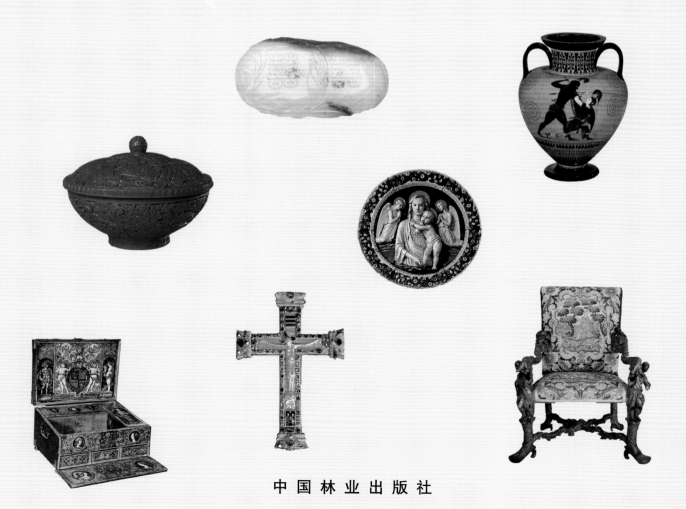

中国林业出版社

图书在版编目（CIP）数据

设计溯源：解析中西方经典设计元素 / 袁进东，李晴，曹春雨 编著.
——北京 ：中国林业出版社，2013.05
ISBN 978-7-5038-6902-0

Ⅰ．①设… Ⅱ．①袁… ②李… ③曹… Ⅲ．①建筑设计－世界－图集
Ⅳ．① TU206

中国版本图书馆 CIP 数据核字（2012）第 316781 号

湖南省科技厅项目资助，项目名称：中式古典家具现代制造技术研究，项目编号：2011GK3218
湖南省教育厅项目资助，项目名称：湖南传统乡土家具人体工程学研究，项目编号：09C1008
中南林业科技大学青年基金项目资助，项目名称：湖南传统乡土家具人体工程学研究，项目编号：101－0832

中国林业出版社·建筑与家居图书出版中心
责任编辑： 李 顺 纪 亮
出版咨询：（010）83223051

出 版： 中国林业出版社（100009 北京西城区德内大街刘海胡同 7 号）
网 站： http://lycb.forestry.gov.cn/
印 刷： 恒美印务（广州）有限公司
发 行： 中国林业出版社
电 话：（010）83224477
版 次： 2013 年 5 月第 1 版
印 次： 2013 年 5 月第 1 次
开 本： 889mm×1194mm　1/16
印 张： 13.25
字 数： 200 千字
定 价： 198.00 元

前　言

我们的研究始于 2004 年与中国十强家装企业鸿扬家装的合作项目，目的为室内设计师们提供众多的中西方古典时期的装饰元素或形式借鉴，以创造丰富的室内设计语言来满足市场的需求。通过持续研究、收集、整理和归类这些资料，并在实际项目设计过程中通过设计师们的大量运用，我们获得了一些宝贵的设计经验，于是我们整理成册，将其集结出版。本书可供普通高校艺术设计专业本科生、研究生，各类高等职业技术院校，成人教育学院艺术设计专业的本、专科生及广大艺术设计工作者阅读。

本书分为两部分，上部分为中国古典经典装饰式样，下部分为西方古典经典装饰式样，整体以各类装饰图案为线索，逐一围绕装饰图案的基本面貌加以论述，并阐明其在不同历史时期的主要特征及其演变过程。其中中国古典经典装饰式样部分基本涵盖了在中国古典艺术媒介中出现的各类装饰图案，并根据装饰图案的形式和特点进行了整理与归类，理清了丰富海量纹饰当中最主要的类型，如几何形式图案装饰、植物性图案装饰、动物性图案装饰、吉祥寓意图案装饰、自然纹理图案装饰、宗教寓意图案装饰等六大类型装饰；西方古典经典装饰式样部分亦是如此。

本书致力于挖掘详尽的中国和西方优秀的装饰图案艺术，通过对文献、图像资料的搜集、整理、结合优秀的存世作品或在历史上有价值定论的作品，努力阐明各类装饰图案在不同历史阶段的时代风格和特点，并试图对这些古典装饰图案在当代艺术设计中的重新借用给以适当的运用建议。在编撰资料的过程中，尽可能符合当代人对中西方的应用性的装饰语言的认知与理解，既介绍了必要的基础知识，又吸收了最新的运用性成果，其中包括了作者在教学、研究过程中所做的探索。

概而言之，本书具备如下特征：

1. 展现历史背景，研究装饰元素的演进过程。装饰艺术应该是人类创造活动中最具广泛性和特殊性的行为，因此承受着不同时间的考验及后世研究的检验，今天仍可以看出装饰纹样从确立之初到发展演变过程中逐渐形成的装饰系统、连贯的方法，这种方法对研究装饰元素的变化、进步有着非常重要的作用。"从过去到现代"的历史过程里才是真正隐藏着解析"装饰原理"的启示以及指示未来的构思宝库。

2. 提炼元素纹样的基本形式，并挖掘其变体形式以及与其他纹样不同的组合规律。中西方众多的装饰元素在历史的演进过程中，不仅继承了基本花纹、设计原则和趋向，同时经历对其他文化下的装饰花纹和设计原则的吸收，经过长时间慢慢修改，产生了一系列无间断的变化进步。这些极为丰富且多姿多彩的装饰风貌，以其多样而又统一的格调出现，显示出独特、雄健的生命力。

3. 结合现实室内设计案例，以直观的现存设计作品来展现古典装饰元素的新生和重组；让装饰和"功能性适合"，以方便设计师能了解认知不同的装饰，并能使用任何一种时代风格设计出适应变化不定的时尚所要求的建筑立面、室内装置或家具。对此本书做了尝试性的说明。

正如 E.H. 贡布里希曾说过："我们通常从人生走过，而不太注意四周种类无穷的图案和装饰纹样：它们出现在织物、墙纸、家具、和建筑物上、出现在餐具和盒子上——出现在几乎每一件不是有意识地追求时尚和功能的物品上。"无论装饰元素在"现代主义"的背景下如何备受争议，它始终蕴含着是人类对宇宙万物、对生命最初始和深远的思考，始终流淌于各民族、各地域人群的血脉里，并会一直影响每个人的生活以及未来的生活。

本书在编写过程中还得到了鸿扬集团董事长陈忠平先生、总裁蒋卫革先生、研发中心经理肖军及中南林业科技大学家具与艺术设计学院院长刘文金先生的大力支持，在此一并谢过。

如果本书能够为对装饰有兴趣的人起到一点帮助作用，我们将感到无比荣幸与喜悦。

编著者

2012 年 12 月

目 录

中国风

ZHONGGUOFENG
YUANSU
SHUOMINGSHU

元素说明书

FENG WEN

凤纹

元素

元素盛行时期：宋代

元素颜色：无限制

元素材质：木质、石刻、砂雕等。

元素说明：

喻意：古老的神话，常常是古代艺术衍生的土壤。中国最早的凤纹，也毫不例外，有玄鸟图腾之说，又有彩鸟祥瑞之说，人们对于这些流传于民间的神话传说加以丰富的想象，作了不断充实的探索性的形象描绘，逐步成型。凤，这种美丽而神奇的巨鸟，尽管是不存在的虚拟的生物，却一直是中国古代先民崇拜的对象，充分表达了人们的理想、追求和意愿。在中国装饰艺术史上，凤纹以其独特的民族形式和艺术魅力，成为中华民族的文化象征之一。

运用原则：

可单独做纹样，或与龙纹组合成龙凤纹，或与其他植物花鸟组合使用。

历史背景：

凤鸟是美丽神灵的物类，人们在衣、食、住、行的多个方面，都喜爱用凤鸟作装饰纹样。凤鸟题材常常应用于宫廷、民间的各种工艺美术品上；历代工匠画师、民间艺人以极其丰富的想像力和艺术刻画力，创造性地描绘出各式各样、多姿多彩的凤鸟纹样。艺术家集天下鸟类之美丽于凤鸟一身，遂使她的形象更加完美无瑕。

1. **新石器时期：**原始社会彩陶上描绘的一些鸟纹，就是凤形象的雏形。

2. **商、周时期：**凤纹普遍而清楚地镌刻在青铜器上。凤纹在这一时期极为盛行。尤其在周代，由于周代倡导礼治，宣扬社会秩序，作为"见则天下大安宁"的凤鸟，可充分表现这种社会观念，这个时期的凤造型多有朴质、肃穆之感。

3. **春秋战国时期：**凤纹在织绣、漆器上运用很多，造型趋于写实。

4. **秦汉时期：**这一时期，凤作为一种神兽，大量出现在漆器、玉器和建筑物上，造型或站立、或展翅，头顶花羽，昂首挺胸，动态各异，气质刚健，具有强烈的生活气息。凤鸟图案，充分流露出形象的动态与气势，处处表现出整体的容量感、线形的速度，以及变化的力量。

5. **唐朝时期：**凤纹多做展翅舞蹈状，华美丰满，姿态多变，气韵生动，又称为舞凤纹。

6. **宋、元时期：**在宋代，凤纹曾是宫廷瓷器专用题材。它的表现形式在后世越来越丰富多变，经历了数千年的演变，今天仍在不断创造着新的形式。民间的蓝印花布、刺绣、挑花；民间木雕、石雕、砖雕和民间剪纸等作品中，形式感更加强烈，手法也更为丰富多样；该时期，凤已作飞翔状，不像汉唐时的伫立姿态，也不如唐代华丽，常与"鸾"或"凰"相配，组合成图案，有美好的寓意。

7. **明代：**明代的凤多作飞翔状，羽尾飘动，形式优美。单独应用，或与花枝相配、或与龙组成对，成为龙凤纹，表示龙凤呈祥，有喜庆的意义。

8. **清代：**明清以来的凤纹，不同阶层有不同的含义。封建统治阶级以凤表示皇后，以示权威和尊贵，作为身份等第的象征。民间，凤象征美好高贵，并以牡丹相配，称为凤穿牡丹，表示喜庆美好。

使用建议：

1. 凤纹可应用于电视背景墙造型装饰设计、沙发背景墙造型装饰设计、隔断造型设计；也可选用带有凤纹图案的家具、灯具、壁纸、布艺、装饰品配合运用；

2. 厨房、主次卫生间等可使用凤纹作为瓷砖表面装饰图案选择；橱柜、洁具用具表面装饰图案选择；

3. **色彩：**建议空间主色调采用宋代代表颜色组合朱丹、莹白。

凤纹基本形式

凤纹演变形式

元素溯源

新石器时期凤纹实例图片

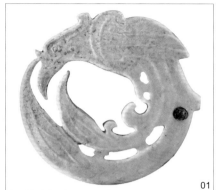
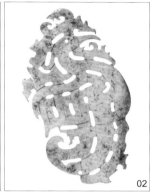

夏商周时期凤纹实例图片

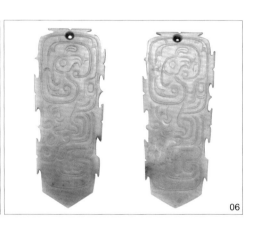

春秋战国时期凤纹实例图片

秦汉时期凤纹实例图片

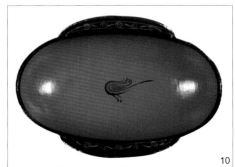

01 石家河文化·凤形玉环	05 西周·凤鸟纹玉佩	09 战国·凤鸟纹瓦当
02 新石器时代龙山文化凤纹玉佩	06 西周·玉柄形佩·凤纹	10 汉代·彩绘凤鸟纹漆耳杯
03 红山文化·玉凤	07 战国·玉镂螭凤纹璧	11 汉代·凤纹玉璧
04 周代·衮服示意图（上有凤纹图案）	08 战国·镂雕漆座屏	12 西汉·凤鸟玉璧

隋唐时期凤纹实例图片

宋元时期凤纹实例图片

明代凤纹实例图片

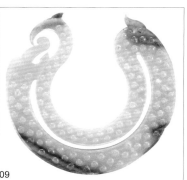

清代凤纹实例图片

01　唐代·三彩凤首壶（陕西历史博物馆藏）	04　元代·磁州窑白地黑花凤纹罐	09　明代·仿古玉凤纹佩
02　唐代·凤鸟海棠纹玉	06　金代·双凤齐飞玉饰	10　明代·青花凤纹碗（台北故宫博物院）
03　唐代·玉凤	07　元代·绣花夹衫及局部凤凰图案特写	11　清代·粉彩空云龙纹夔凤耳转心瓶
04　唐代·菱花形银壳鎏金龙凤纹镜，局部	08　明太祖·孝慈高马皇后像	

其他凤纹实例图片

现代设计范例说明

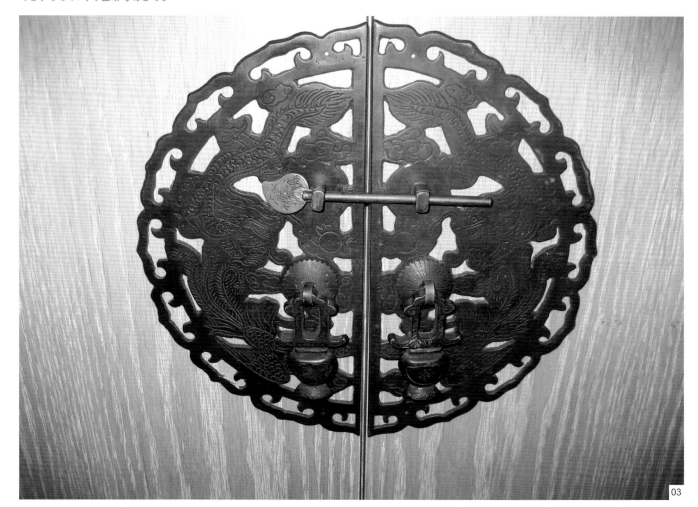

01　青花角端鸾凤纹盘

02　青花云凤纹高足杯

03　衣柜门上的龙凤纹铜把手

RONG WEN

龙
纹

元素

元素盛行时期：商周时期

元素材质：木质、石刻、砂雕等

元素说明：

喻意：既能直上九霄，又能深入千寻；既可腾云驾雾，兴云布雨，又可摇波蹴浪，倒海翻江。随着社会的发展，龙的形象和性格越来越复杂。几千年的正史与民间口头文学里，龙的神话此迭彼兴，层出不穷。中国文化领域上的龙，是一种神灵幻化的理想性的人文动物。其神灵幻化概念，是中国上古原始文化长期揉合的结果。中国历代的装饰艺术，包括建筑、舟车、礼乐器具、家具、陶瓷、金属、纺织刺绣、服装、漆器、玉器、玩具、钱币、邮票、商品装潢等多方面，都用到龙纹。龙成为中国原始社会的崇拜对象，反映出当时人们崇拜超自然力，神化那些带领他们战胜自然的领袖的思想和心态。

元素运用原则：

可单独使用，也可与其他纹样，如云纹、火纹、水纹衬托组合使用。

元素历史背景：

1. 原始社会时期：龙是重要原始宗教信仰对象之一。在中国原始社会中，龙是超自然力的象征，是整个社会的共同精神支柱。早在五、六千年前的原始社会的彩陶和玉器中，就出现了龙的形象。

2. 夏商周时期：到三千五百多年前的商代青铜器装饰上，龙纹图案就已经很普遍了；商周彝器有很多采取龙纹作装饰，龙头上也有形角，都表示龙与皇权的关联。这种观念发展到封建社会，龙纹主要就作为皇权的标志。历代龙纹在宫廷装饰艺术中的使用也越来越频繁，地位越来越显要。如皇帝的礼服、金銮宝座、藻井顶部木雕、屏风等到处可见，朝代不同，纹样的具体表现形式也不同。

3. 汉代时期：利用龙这一人群崇尚的人文动物，作为宣扬皇权的工具，龙纹在工艺装饰领域乃居于显要的地位。两汉时期，是我国封建社会的兴盛时期，这时的龙纹也变得神光异彩，千姿百态。此时龙的形象是：头似牛首，有须，大耳，细长角对称，蛇形体，有翼，有脚有爪，身附壁，所以这一时期的龙纹有"珠联璧合"之说。

4. 魏晋南北朝时期：佛教盛行，龙纹也披上佛教的色彩。

5. 隋唐时期：龙纹发展的成熟期，广泛吸收和包容了本国各民族及国外文化的精华。这一时期是中国封建社会的鼎盛时期，物福民丰，所以此时期龙纹中龙的造型也比较丰满健硕，并在龙的周围衬上云朵、海水波涛，以显示龙能够上天入海的神威。

6. 宋辽时期：到了宋代，龙纹成为宫廷瓷器专用题材。龙纹发展到宋代，其体形变化已基本成格局，即我们现在所熟知的蛇身、鹰爪、通体鱼鳞。其造型常给人一种凶猛、威武、气势冲天之感。

7. 元、明、清时期：宋代之后，龙纹被更加广泛地运用。这一时期，龙纹很少单独使用，传说龙"春分而登天，秋分而潜渊……"因此龙纹常与云纹、火纹、水纹衬托配合，体现其登天潜渊之特性。明清两代是龙纹的全盛时期。

使用建议：

1. 龙纹可应用于电视背景墙主题装饰造型设计、沙发背景墙主题装饰造型设计、隔断造型设计；也可选用带有龙纹图案的家具、灯具、壁纸、布艺、装饰品配合运用；

2. 厨房、主次卫生间等可使用龙纹作为瓷砖表面装饰图案选择；橱柜、洁具用具表面装饰图案选择；

3. 色彩：建议空间主色调采用商、周时期代表颜色组合白色、红色。

龙纹基本形式

龙纹演变形式

元素溯源

原始社会龙纹实例图片

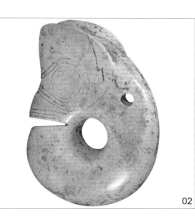

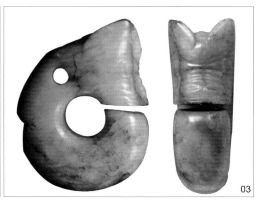

夏商周的龙纹实例图片

春秋时期龙纹实例图片

战国时期龙纹实例图片

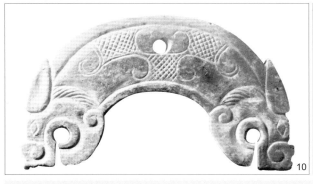

01 石家河文化·龙形玉饰	05 商代·龙形玉佩
02 红山文化·玉猪龙	06 西周·玉环（龙纹·卷云纹）
03 红山文化·玉猪龙	07 春秋·龙形佩
04 西周晚期·夔龙纹虢仲鬲	08 春秋·玉玦（虺龙纹）

09 春秋早期·璜形玉（虺龙纹）
10 战国·双首龙玉璜
11 战国·玉龙环
12 战国·三龙云纹玉佩

秦汉时期龙纹实例图片

 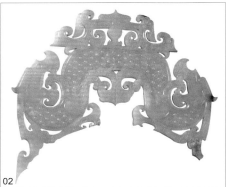 

魏晋南北朝时期龙纹实例图片

  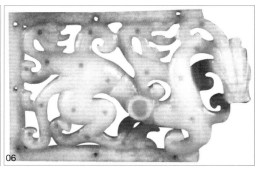

隋唐时期龙纹实例图片

宋辽时期龙纹实例图片

01 汉代·青龙瓦当	05 南北朝时期·画像中的龙	09 唐代·彩陶龙首壶
02 西汉·双龙玉佩	06 魏晋·龙纹玉鲜卑带扣	10 北宋·磁州窑龙纹瓶（美国堪萨斯纳尔逊美术馆藏）
03 西汉·龙形玉佩（有勾连云纹）	07 唐代·白玉云龙玉佩	11 宋代·白玉龙佩
04 北魏·彩绘灰陶龙	08 唐代·玛瑙海棠式盏托	12 宋代·玉兽云龙纹炉

元明清时期龙纹实例图片

其他龙纹实例图片

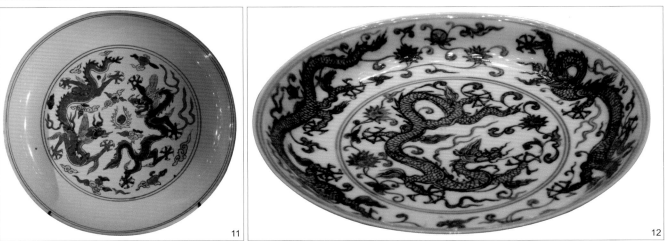

01	明代·宗景泰皇帝朱祁钰	05	明代·双龙镜	09	清代·乳丁龙纹·玉香炉
02	明代·剔彩双龙纹方盒	06	明代·嘉靖红地黄彩双龙纹盖罐	10	清代·龙凤纹·玉杯
03	北京北海九龙壁局部	07	明代·龙纹·玉带板	11	大英博物馆藏中国瓷器
04	明·嘉靖剔红万寿龙纹碗	08	元代·青花云龙缠枝牡丹纹罐	12	大英博物馆藏中国瓷器

现代设计范例说明

01　茶楼包间门上的龙纹雕刻，尽显中国风格
02　中式风格室内中的做旧龙纹装饰品

TAOTIE WEN

饕餮纹

元素

元素盛行时期： 商周

元素颜色： 无限制

元素材质： 木质、石刻、砂雕等

元素说明：

喻意：饕餮是一种想象中的神秘怪兽。这种怪兽没有身体，只有一个大头和一个大嘴，十分贪吃，它是贪欲的象征；也有"通天地"、"通生死"、"驱鬼避邪"、"威猛、勇敢、公正"、"祭神"等象征说法。各式各样的饕餮纹都突出了一种指向无限深渊的原始力量，呈现出一种狞厉的美，就在那看来狞厉可畏的神秘中，积淀着一种深沉的历史力量。

元素运用原则：

饕餮纹的布局一般为：以鼻梁为中线，两侧作对称排列，成兽面形象，大眼、有鼻、双角，通常没有下唇。眼睛是其最重要的特征，无论怎样变化，都是炯炯有神、不怒自威。震撼人心，也吸人目光。在各个时期，饕餮纹都以主图案形式出现。

元素历史背景：

饕餮纹是拼合组成的，但不是随意拼凑的。古人对于饕餮的具象并无概念，在塑造饕餮形象时，他们整合了羊（牛）角（代表尊贵）、牛耳（善辨）、蛇身（神秘）、鹰爪（勇武）、鸟羽（善飞）等形象。

1. 原始社会：饕餮纹始见于长江下游地区良渚文化（距今约五千年），但它一直被称作兽面纹，直到宋代宣和时的《博古图录》才开始称此类纹饰为饕餮纹。二里冈期的青铜器纹饰简练，大多为带状，少有通体满花的器物。此期的饕餮纹较简洁，多带状长条，上下夹以联珠纹。

2. 夏商周时期：商代是饕餮纹的极盛时期。饕餮成为青铜器、灰陶器上的常用纹样，白陶器上的饕餮纹尤为精绝。殷墟

期的青铜器，器形厚重，装饰华美，形成了层次分明、富丽繁缛而神秘的新风格。宽阔的空间给了它足够的施展余地，醒目的位置则赋予了它更多的支配性与威严感，向通体满花、立体多层装饰发展，绝大多数都饰有地纹（云雷纹）作为衬托。这一阶段还出现了大量面部完整而具象的饕餮纹。西周初期，这一时期的青铜器也出现了简化的趋向，饕餮纹在器物中逐渐淡化，向周代中期的素面过渡。西周中期青铜器的风格转向"以素为贵"。原先"以文为贵"的繁缛狞厉的饕餮纹便渐渐失去了昔日的风光。饕餮兽面纹逐渐衰退，出现了别具特色的卷身夔纹，青铜器的狞厉减弱，活泼加强，颂扬生命的雕塑增加，以人的生活为中心的宴乐攻战图等代替了饕餮纹的地位。于是饕餮纹便成为一种过去的形象记忆，在历史流变中逐渐丧失了它原有的内涵。

3. 秦汉至魏晋：这个时候陶瓷器流行堆贴铺首，实质也是一种兽面纹，可视作饕餮纹的一种变体。

4. 明清时期：明清两代瓷器上饕餮纹再度流行，以印花、刻花、彩绘、透雕诸般技法加以表现。综观这些似兽非兽、似人非人的兽面像，那狰狞威武的形态、龇牙咧嘴瞪目而视的表情、奇异的装饰和夸张的造型，无不给人以惊奇之感。既有粗犷的风格，又有细致的刻画。其狰狞严峻之中，又透露出了几分质朴和善良。

使用建议：

1. 饕餮纹可应用于电视背景墙主题装饰造型设计、沙发背景墙主题装饰造型设计、隔断造型设计；也可选用带有饕餮纹图案的家具、灯具、壁纸、布艺、装饰品配合运用；

2. 厨房、主次卫生间等可使用饕餮纹作为瓷砖表面装饰图案选择、橱柜、洁具用具表面装饰图案选择；

3. 色彩：建议空间主色调采用汉代代表颜色组合红、黑色。

饕餮纹基本形式

饕餮纹演变形式

元素溯源

原始社会的饕餮纹实例图片

夏商周时期饕餮纹实例图片

01 良渚文化·饕餮纹青玉佩	05 西周晚期·虢仲鬲（上刻夔龙纹、兽面纹）	09 商代·灰陶饕餮纹簋
02 良渚文化·饕餮纹玉挂件	06 商代·卧虎兽面纹铜铙（湖南博物馆藏）	10 商代·白陶壎（中央研究院藏）
03 良渚文化·兽面玉琮	07 西周·"旅父甲"铜尊（湖南博物馆）	11 商代晚期·兽面形玉饰
04 商代·建筑构件上的饕餮纹	08 商代·白陶壶	12 西周·龙形玉饰　13 西周·兽面玉

春秋战国时期饕餮纹实例图片

秦汉时期饕餮纹实例图片

宋元时期饕餮纹实例图片

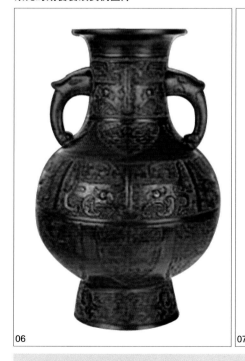

01	春秋·兽面纹金方泡	05	西汉·青玉兽首衔璧饰
02	战国·饕餮纹半瓦当	06	宋·青铜饕餮纹双龙耳尊
03	汉代·饕餮纹带扣	07	宋·饕餮纹戟耳对瓶
04	西汉·玉首	08	宋·饕餮纹镜

明清时期饕餮纹实例图片

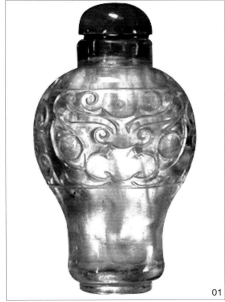

其他饕餮纹实例图片

01 清代·水晶饕餮纹鼻烟壶	05 清代·铜饕餮纹双立耳鼎	09 兽面纹玉卣
02 清代·兽面纹壶	06 清代·青花饕餮纹盖罐	
03 清代·康熙时期青花饕餮纹花觚	07 绿松石镶嵌的兽面纹青铜牌饰	
04 清代·乾隆青玉出戟四足鼎	08 青铜兽面纹觥	

现代设计范例说明

01　公共建筑中的饕餮纹形象之一
02　公共建筑中的饕餮纹形象之二
03　设计有饕餮纹的装饰瓷砖

04　中国文字博物馆支柱上的饕餮纹
05　中国文字博物馆室外刻有饕餮纹的雕塑
06　中国文字博物馆内部的刻有饕餮纹的饰墙

07　中国文字博物馆外观，屋顶与支柱上都有饕餮纹的装饰图案

BAOXIANG HUAWEN

宝相花纹

元素

元素盛行时期：唐代

元素颜色：无限制

元素材质：木质、石刻、砂雕等

元素说明：

　　喻意：所谓宝相是佛教徒对佛像的尊称，宝相花纹是从莲花、牡丹等花卉的自然形象中概括出花朵、花苞、叶片的完美变形，经过艺术加工组合而成的图案纹样，使之趋于图案化，是一种完美的具有象征意义的吉祥寓意花卉纹样。

元素运用原则：

　　宝相花纹形式主要为平面团形，多以 8 片或其它偶数片平展的莲瓣构成花头，莲瓣尖端呈五曲形，各瓣内又填饰三曲小莲瓣，花心由小圆珠或小花瓣组成。

元素历史背景：

　　宝相花，中国传统装饰纹样之一，以莲花、牡丹等为主体，将这些自然形态的花朵进行艺术处理，变成一种装饰化的纹样。

　　1. 魏晋南北朝时期：从魏晋南北朝开始，在佛教装饰艺术的影响下，植物花卉题材的纹样渗透到了陶瓷装饰、建筑装饰和金属器皿装饰等几乎所有的艺术领域。佛教将莲花视为圣洁、吉祥的象征，自南北朝开始，莲花纹饰便被大量运用于石窟装饰艺术中。北朝时期的莲花图案以写实造型为主，多选取正面俯视的角度来表现，中心为圆盘状的莲蓬，莲瓣向四周均匀呈多层放射状排列。

　　2. 隋唐时期：这种图案发展演化到隋唐时期，造型更加饱满。从花形看，除了莲花，还有牡丹花的特征，花瓣多层次的排列，使图案具有雍容华丽的美感，因此，这种图案就被称为"宝相花"。唐代的宝相花纹，在设色方法上吸收了佛教艺术的退晕方法——以浅套深，逐层变化；造型上，则用多面对称放射状的格式（八片平展的莲瓣构成花头部分，莲瓣尖端呈五曲形，各瓣内又填饰三曲小莲瓣，花心部分则由小圆珠和小花瓣组成），把盛开、半开、含苞欲放的花瓣和蓓蕾、花叶等组合。唐代的建筑装饰中，宝相花纹在瓦当、地砖常有出现，另外唐代时期的敦煌建筑艺术的藻井图案中，宝相花纹在当时是一个相当重要的纹样。在服饰织物方面，唐代女装的特点是裙、衫、帔的统一，除唐草纹样外，宝相花纹也备受青睐。用器方面，宝相花纹在唐三彩器具上应用较多，此外，铜镜和金银器上也有宝相花纹的出现。绘画艺术方面，唐代的彩绘、彩塑中，宝相花纹是用得很多的一种纹样，表现形式也多种多样，但仍然是在八瓣花的基本样式上进行艺术变化。

　　3. 宋元明清时期：宝相花广泛流行于织锦、铜镜以及瓷器的装饰上，含有吉祥、美满的寓意。清乾隆时宝相花纹多用做辅纹来衬托主纹，从而使装饰效果更加富丽堂皇。

元素在室内设计中的使用建议：

　　1. 宝相花纹可应用于电视背景墙造型装饰设计、沙发背景墙造型装饰设计、隔断造型设计；也可选用带有宝相花纹图案的家具、灯具、壁纸、布艺、装饰品配合运用；

　　2. 厨房、主次卫生间等可使用宝相花纹作为瓷砖表面装饰图案选择；橱柜、洁具用具表面装饰图案选择；

　　3. 色彩：建议空间主色调采用唐代代表颜色组合金黄、贵妃红。

宝相花纹基本形式

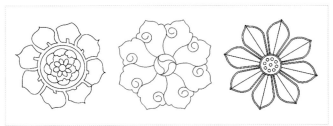

宝相花纹演变形式

元素溯源

隋唐时期宝相花纹实例图片

宋元时期宝相花纹实例图片

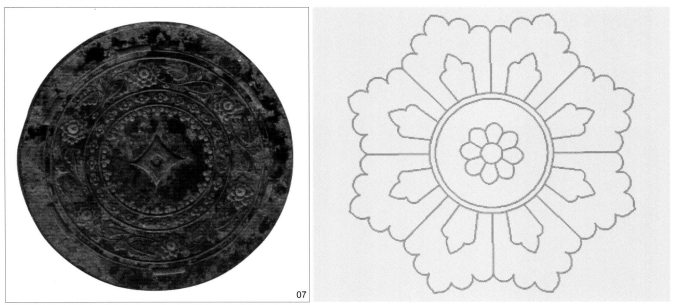

01 唐代·敦煌飞天藻井	05 唐代·三彩贴花扁壶
02 唐代·敦煌壁画中的宝相花	06 唐代·银鎏金神兽宝相花纹银盒
03 唐代·敦煌藻井	07 宋代·宝相花纹境
04 唐代·三彩龙耳瓶（日本东京国立博物馆藏）	

明清时期宝相花纹实例图片

其他宝相花纹实例图片

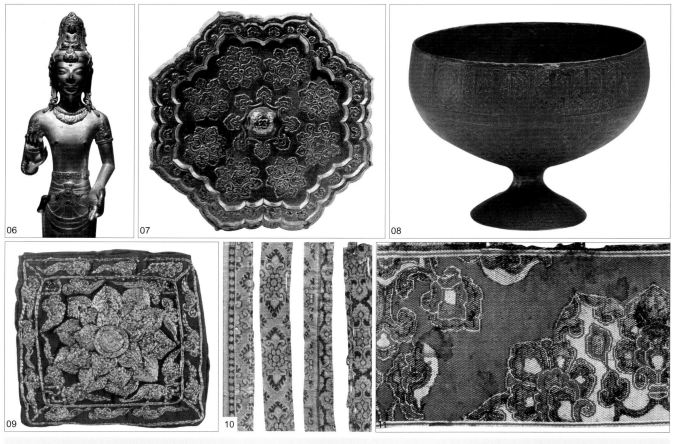

01 明代·成化窑青花转枝宝连纹碗	05 清代·黄地宝相花织金妆花缎	09 罗地蹙金绣宝相花纹拜垫
02 明代·掐丝珐琅番莲纹盒	06 铜鎏金阿嵯耶观音立像	10 变体宝相花纹锦四种
03 清代·光绪珐琅彩宝相花开光四季花鸟尊	07 宝相花纹菱花铜镜	11 宝相花纹织成锦
04 清代·剔彩宝相花圆盒	08 嵌银宝相花纹豆	

现代设计范例说明

01　餐厅中雕刻有宝相花纹我装饰柜

02　宝相花纹餐盘

03　变化宝相花纹的抱枕

CHANZHI WEN

缠枝纹

元素

元素盛行时期：唐代

元素颜色：无限制

元素材质：木质、石刻、砂雕等

元素说明：

喻意：中国古代传统纹饰之一，它是一种以藤蔓、卷草为基础提炼而成的传统吉祥纹饰，又名"万寿藤"，寓意吉庆。其委婉多姿，富有动感，故寓意生生不息，万代绵长的美好愿望，从而跻身于中国吉祥纹样之一，是瓷器上最常见的纹样。

元素运用原则：

以植物的枝杆或蔓藤作骨架，向上下、左右延伸，循环往复，变化无穷且婉转流畅，节奏明快。可通过随意改变其中任意要素（枝蔓、叶、中心花卉）来改变整个构图形式，从而搭配形成组合纹饰。卷草纹与缠枝纹的区别：卷草纹与缠枝纹最大的不同在于仅出现枝茎或草蔓，不出现花卉或花果。缠枝纹写实性较强，而卷草纹则更具抽象性。卷草纹源于忍冬纹，但较之更规范也更细致，通常只作为辅助纹饰。

元素历史背景：

1. 汉代时期：真正的缠枝纹出现于汉代，被用于漆器、丝织工艺，如"万事如意绵"、"鸟兽葡萄纹绮"等。

2. 唐宋时期：到了唐宋时，缠枝纹被广泛用于工艺美术制品中。如唐李德裕《鸳鸯篇》诗云："夜夜学织连枝锦，织作鸳鸯人共怜"，就是一种著名的缠枝纹。再例如在唐代出土的金银器直接出现了缠枝花纹饰。

3. 元明清时期：缠枝纹是我国传统青花瓷中最主要与最具特色的装饰纹样之一，它最早出现于元青花中，到了明清两代，不论是官窑还是民器，比比皆是，从而成了青花工艺的最重要装饰语言。除瓷器外，缠枝纹还广泛用于各类艺术品中，如传统的插屏，其雕刻牙板几乎都用缠枝纹。

元素在室内设计中的使用建议：

1. 缠枝纹可应用于电视背景墙主题装饰造型设计、沙发背景墙主题装饰造型设计、隔断造型设计；也可选用带有缠枝纹图案的家具、灯具、壁纸、布艺、装饰品配合运用；

2. 厨房、主次卫生间等可使用缠枝纹纹作为瓷砖表面装饰图案选择；橱柜、洁具用具表面装饰图案选择；

3. 色彩：建议空间主色调采用唐代代表颜色组合金黄、贵妃红。

缠枝纹基本形式

缠枝纹演变形式

元素溯源

唐宋时期缠枝纹实例图片

元明清时期缠枝纹实例图片

01 宋代·褐彩人物梅瓶	05 明代·宣德青花莲花纹巨盘	09 清代·青花缠枝瓶
02 北宋·白釉褐彩缠枝牡丹纹壶	06 清代·雍正青花缠枝莲纹碗（湖南博物馆藏）	
03 北宋·耀州窑刻花牡丹纹盒	07 明代·嘉靖五彩缠枝花纹梅瓶	
04 明代·洪武时期釉裡牡丹纹大碗	08 清代·珐琅彩锦地描金花卉瓶	

其他缠枝纹实例图片

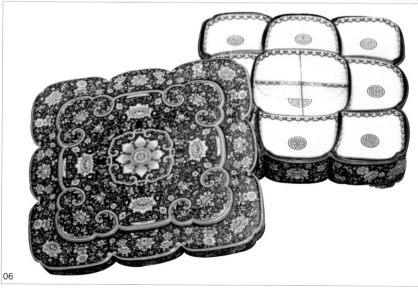

01 清代·青花缠枝牡丹瓶	05 大英博物馆藏中国瓷器
02 元代·青花牡丹纹盖罐	06 画珐琅缠枝莲纹大攒盒
03 元代·青花云龙缠枝牡丹纹罐	07 锦群地织金缠枝四季三多纹锦局部
04 绿地金彩缠枝花纹碗	

现代设计范例说明

01　装饰有缠枝纹墙纸

JUHUA WEN

菊花纹

元素

元素盛行时期：元代

元素颜色：无限制

元素材质：木质、石刻、砂雕等

元素说明：

喻意：菊花，古代又名节华、更生、朱蠃、金蕊、周盈、延年、阴成等别名。菊花是我国的传统花卉之一。古人认为菊花能轻身益气，令人长寿有征，同时菊花也是多子多福的象征，自古以来颇受人们的喜爱。菊花被看做花群之中的"隐逸者"，故常喻为君子。菊花纹在瓷器、铜器、玉器、织物等方面均有广泛的运用。

元素运用原则：

菊花纹通常做为主图案出现。

元素历史背景：

1. 唐宋时期：菊花纹饰早在唐代饰品上以及宋代瓷器装饰中已经出现，花形近似团形。

2. 元明清时期：菊花的运用已经非常广泛。明洪武时期的瓷器则将菊花形状处理成扁圆形，故称作扁菊花纹。扁菊花纹常用青花或釉里红描绘在盘、碗等器的内外壁。

元素在室内设计中的使用建议：

1. 空间：菊花纹可应用于电视背景墙造型装饰设计、沙发背景墙造型装饰设计、隔断造型设计；也可选用带有菊花纹图案的家具、灯具、壁纸、布艺、装饰品配合运用；

2. 厨房、主次卫生间等可使用菊花纹作为瓷砖表面装饰图案选择；橱柜、洁具用具表面装饰图案选择；

3. 色彩：建议空间主色调采用元代代表颜色组合蓝色、白色。

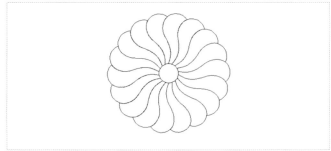

菊花纹基本形式

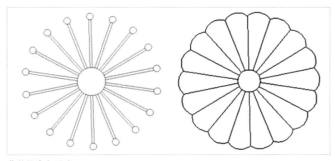

菊花纹演变形式

元素溯源

唐宋时期菊花纹实例图片

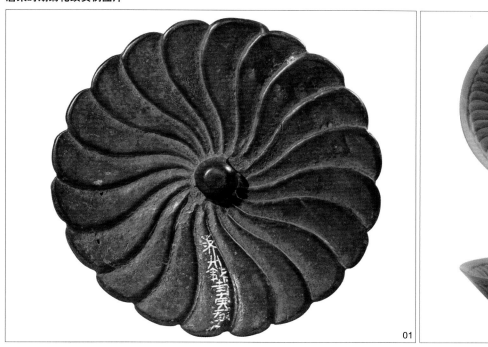

元明清时期菊花纹实例图片

01　辽代·菊花纹镜	05　明代·菊花纹琉璃杯
02　宋代·耀州窑菊瓣碗	06　明代·青花大碗
03　清代·铜胎画珐琅菊花执壶	
04　明代·成化青花菊花碗（台湾故宫博物院藏品）	

元明清时期菊花纹实例图片

01 明代·五彩莲池鱼藻纹罐	05 清代·雍正时期粉彩菊花盘（台湾故宫博物院藏品）
02 明代·釉里红花卉大盘	
03 明代·洪武釉里红缠枝菊花纹玉壶春瓶	06 清代·菊花纹盘
04 元代·釉里红缠枝菊花纹水注	07 明代·黄地菊花纹曲水锦
	08 明代·绿地折枝菊花寿字纹妆花绸
	09 明代·嘉靖驼色地折枝菊花纹妆花缎

元明清时期菊花纹实例图片

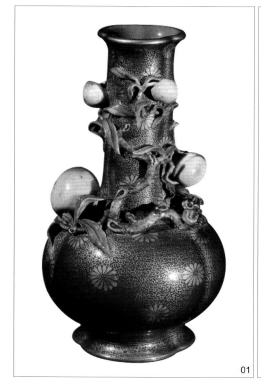

01

02

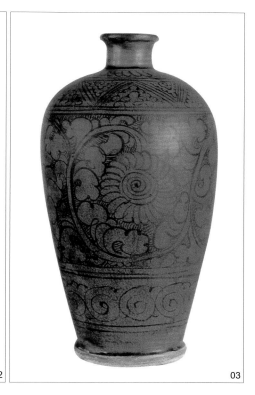

03

现代设计范例说明

04

05

01	清代·褐釉描金蟠桃灵芝纹瓶	05	乔治杰生雏菊项链
02	清代·五彩人物瓶		
03	元末明初·孔雀蓝缠枝菊花纹梅瓶		
04	建筑中的菊花纹窗		

01

LIANHUA WEN

莲花纹

元素

元素盛行时期：唐代

元素颜色：无限制

元素材质：木质、石刻、砂雕等

元素说明：

喻意：莲花纹又称"荷花纹"，取其出污泥而不染和"守一茎一花之节"之意，是美德的象征。莲，原指荷的果实，后世莲荷混用，佛门奉之为"圣花"。

元素运用原则：

作为纹饰，其变化丰富，有独立纹样，也有以莲瓣为基本单位的二方连续纹样。莲花纹一般在画面上表现出花朵，并且装饰在器物的主要部位作主纹。

元素历史背景：

1. 南北朝时期：由于佛教的盛行影响了装饰艺术，莲花纹成为陶瓷装饰的主要题材，从南北朝至清代一直盛行不衰。南朝青瓷常在碗、盏、钵、罐的外壁和盘面上刻划复线仰莲瓣，形似莲花，还有在器皿外刻划仰莲，而在器皿内心刻划莲实的，更加逼真。建筑方面，佛教盛行使得寺庙建筑代表了当时的建筑特点，在建筑物上运用莲花的造型十分流行，用莲瓣形作装饰，有仰莲瓣纹、仰覆莲纹、翻瓣莲花纹等。用器方面，各种陶瓷用品上莲花纹成为主题纹饰，碗、盏、钵、盘的外壁常饰仰莲，有的盘心还饰蓬莱纹，酷似盛开的莲花，亦见雕刻成立体状的莲花。在绘画雕刻艺术方面，各种佛教故事成为其主要题材，从中得见莲花纹的大量使用。

2. 隋唐时期：隋代青瓷碗上，仍有延续南北朝风格，刻划图案化的莲瓣纹。唐代，莲花纹常作为瓷器的主题纹饰，其形式趋于华丽。

3. 宋代时期：宋代佛教趋向世俗化，莲纹大量出现，但宗教意味已经淡薄，从宋代开始莲花纹逐渐变为了辅助纹饰。

4. 元明清时期：这段时期莲花纹的变化较多，多作为辅助纹饰出现在器物的肩、胫部。元代的变形莲瓣或一组或上下两组，构成对应的仰、覆莲瓣纹边饰。洪武年起，除部分执壶和盏托外，瓶、罐、盘及碗的莲瓣边饰均呈并拢型。这种绘画贯穿于明清两代。明清各类陶瓷器及琉璃器上，莲纹普遍存在，以缠枝形象出现，写实性莲纹和图案性莲纹均为常见。明永乐与宣德青花盘上，盛行一把莲纹。宣德以后，莲花纹与鸳鸯的组合纹饰较为盛行。

元素在室内设计中的使用建议：

1. 莲花纹可应用于电视背景墙造型装饰设计、沙发背景墙造型装饰设计、隔断造型设计；也可选用带有莲花纹图案的家具、灯具、壁纸、布艺、装饰品配合运用；

2. 厨房、主次卫生间等可使用莲花纹作为瓷砖表面装饰图案选择；橱柜、洁具用具表面装饰图案选择；

3. 色彩：建议空间主色调采用唐代代表颜色组合金黄、贵妃红。

莲花纹基本形式

莲花纹演变形式

元素溯源

魏晋南北朝时期莲花纹实例图片

隋唐五代时期莲花纹实例图片

01	南朝 · 青瓷刻莲瓣纹托盏	05	南朝 · 墓室内壁上雕刻莲花纹	09	五代 · 刻莲花碗
02	东晋 · 玉柄饰	06	唐代 · 鸟兽纹莲瓣金碗	10	五代 · 越窑多嘴壶 [日本神奈川美术馆藏]
03	南朝 · 莲花纹盘	07	唐代 · 鸳鸯莲瓣纹金碗		
04	北魏 · 河南洛阳龙门石窟莲花洞的穹窿顶	08	五代 · 莲蓬纹粉盒		

宋元时期莲花纹实例图片

明清时期莲花纹实例图片

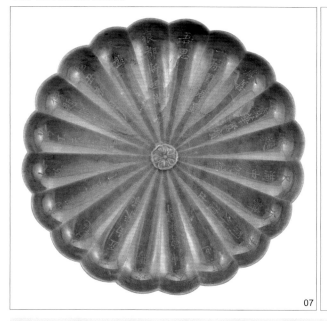

01　北宋·青玉花卉云纹盒	05　元代·磁州窑白釉铁锈花钱纹瓶	09　清代·玉观音
02　宋代·青釉堆螭龙划花瓷瓶	06　元代·鲁山段店窑白地黑花鱼纹盆	
03　元代·耀州窑青釉缠枝莲纹炉	07　清代·痕都斯坦	
04　元代·磁州窑白地黑花鱼藻纹盆	08　清代·青花瓷瓶（法国吉美博物馆藏）	

其他莲花纹实例图片

01

02

现代设计范例说明

03

01　青瓷刻莲瓣纹单柄壶

02　莲花纹银盘

03　室内墙面上的写实莲花国画装饰

01 莲花纹家居装饰品

RENDONG WEN

忍冬纹

元素

元素盛行时期：南北朝

元素颜色：无限制

元素材质：木质、石刻、砂雕等

元素说明：

喻意：忍冬花的喻意与佛教相关，其花越冬而不死，常被化作人的灵魂不死，轮回转生，因此有"益寿"的吉祥涵意，也多作为佛教装饰。

元素运用原则：

忍冬纹一般为3个叶片，和一个叶片相对排列。

元素历史背景：

1. 魏晋南北朝时期：忍冬纹的出现与佛教的传入有关，始见于魏晋浙江一带的青瓷上。因忍冬植物越冬而不死，所以被大量运用在佛教上，比作人的灵魂不灭、轮回永生，以后又广泛用于绘画和雕刻等艺术品的装饰上。陶瓷装饰中的忍冬纹通常是一种以三个叶瓣和一个叶瓣互生于波曲状茎蔓两侧的图案，常与莲瓣纹相配用作主题纹饰。主要表现手法是刻划。建筑方面，忍冬纹图案在石窟中可以找到很多，是石窟建筑装饰方面的重要组成部分。家具方面，忍冬纹多用作佛教器物，装饰家具多用于边缘部分，取其"益寿、吉祥"的含意。用器方面，附以忍冬纹装饰，从而不仅改善外观，还寄以寓意。艺术方面，佛教的故事画中采用忍冬纹，从而更好地表示出佛教主题。

2. 隋唐时期：隋代瓷器虽继续采用忍冬纹，但写实性已经减弱，图形和线条较注重概括和单纯的表现形式。从唐代开始，忍冬纹慢慢被卷草纹替代，忍冬纹的基本形态被卷草纹所吸纳和传承。

元素在室内设计中的使用建议：

1. 忍冬纹可应用于电视背景墙主题装饰造型设计、沙发背景墙主题装饰造型设计、隔断造型设计；也可选用带有忍冬纹图案的家具、灯具、壁纸、布艺、装饰品配合运用；

2. 厨房、主次卫生间等可使用忍冬纹作为瓷砖表面装饰图案选择、橱柜、洁具用具表面装饰图案选择；

3. 色彩：建议空间主色调采用唐代代表颜色组合金色、红色。

忍冬纹基本形式

元素溯源

魏晋南北朝时期忍冬纹实例图片

隋唐时期忍冬纹实例图片

01　北凉时期·新疆吐鲁番出土几何鸟兽纹锦　　05　唐代·鎏金忍冬联珠纹花式银碗

02　唐代·四灵铭文镜

03　唐忍冬花结五足银薰炉

04　唐代·缠枝忍冬纹金杯

明清时期忍冬纹实例图片

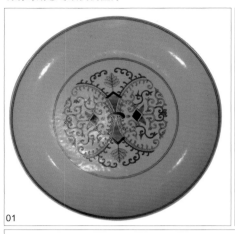

01

02

03

04

05

06

01	清代·光绪官窑青花五彩忍冬纹盘	05	清代乾隆年间斗彩忍冬纹碗
02	明代·掐丝珐琅凫式炉（底座饰忍冬纹）	06	明代·正统景德镇窑忍冬纹青花盘
03	清代·青花忍冬纹罐		
04	清代·道光年间忍冬纹碗		

其他忍冬纹实例图片

01 汉代·绣品忍冬联珠龟背纹刺绣花边
02 宋代·"释迦牟尼及八大随佛弟子"护经板

TANGCAO WEN

唐草纹

元素

元素盛行时期：唐代

元素颜色：无限制

元素材质：木质、石刻、砂雕等

元素说明：

　　喻意：唐草纹也称之为卷草纹，在唐代最为盛行，它多取忍冬、牡丹、荷花、兰花等花草为题材，构图繁简疏密，富丽华贵，给以人繁而不乱、缠绵不绝的形式美感。

元素运用原则：

　　仅出现枝茎或草蔓，几乎不出现花卉或花果，以花草植物的枝茎作连续的"S"形波状曲线排列，形成波卷缠绵的基本样式，具有一定的抽象性。

元素历史背景：

　　1. 汉代时期："卷草"是汉代时期新出现的纹样，在汉末的铜镜的边缘饰带中可以看见卷草纹样。南北朝时期才开始慢慢流行，应用在石碑侧面，墓志的周边，佛像背光以及敦煌的建筑装饰图案中。

　　2. 唐代时期：到了唐代，卷草纹广泛流行乃至盛行，故称之为"唐草纹"。其样式多取牡丹的枝叶，采用曲卷多变的线条，花朵繁复华丽，层次丰富，叶片曲卷，富有弹性，叶脉旋转翻滚，富有动感；总体结构舒展而流畅，饱满而华丽，生机勃勃，反映了唐代工艺美术富丽华美的风格，并成为后世卷草纹的范例。建筑方面，建筑内部檐壁的装饰画、石碑的边缘的装饰雕刻，唐草纹样是很常见的；在唐代时期的敦煌艺术中，唐草纹样也极为常见的。服饰方面，唐代女装的特点是裙、衫、帔的统一，唐草纹样在裙、衫、帔中经常见到。用器方面，唐草纹样纹常常用在金银器、瓷器的雕饰上，并且是主要用于边饰纹样，常常与其它花卉、人物、虫鸟、异兽等图案搭配使用。艺术方面，联珠纹与佛教有着很大联系，在隋唐时期的敦煌艺术中，唐草纹经常与联珠纹一起出现在彩塑、壁画、藻井的绘画当中。

　　3. 宋代时期：宋代吉州窑、耀州窑、磁州窑、扒村窑等也广泛采用卷草纹样，自元代以后盛行于景德镇。表现技法有刻划、彩绘等。

　　4. 明代时期：明代中期重视以荷花为主体的卷草纹，后由荷花图案演变为串枝花图案，并广泛运用在织锦上。明清两代的卷草纹风格趋向繁缛、纤弱，失去了唐代的生气，但仍然是重要的传统图案。

元素在室内设计中的使用建议：

　　1. 客厅、餐厅、过道、卧室、书房等可使用唐草纹作为吊顶造型设计、墙面装饰造型设计、隔断装饰造型设计；也可选用带有唐草纹图案的家具、灯具、壁纸、布艺、装饰品配合运用；

　　2. 厨房、主次卫生间等可使用唐草纹作为瓷砖表面装饰图案选择；橱柜、洁具用具表面装饰图案选择。

　　3. 色彩：建议空间主色调采用唐代代表颜色组合金黄、贵妃红。

唐草纹基本形式

唐草纹演变形式

元素溯源

汉代时期唐草纹实例图片

魏晋南北朝时期唐草纹实例图片

隋唐时期唐草纹实例图片

01	汉代·四乳卷草纹镜	05	南朝·刻花单把壶	09	唐代·敦煌壁画
02	秦代·鎏金龙凤纹盘	06	唐代·莲瓣纹金执壶		
03	北朝·印花纹四耳罐（美国波士顿美术馆藏）	07	唐代·狩猎纹银高足杯		
04	北宋·磁州窑花卉纹瓶（美国堪萨斯纳尔逊美术馆藏）	08	唐代·狩猎花草纹高足银杯		

宋元时期唐草纹实例图片

01

02

03

明清时期唐草纹实例图片

04

05

06

明清时期唐草纹实例图片

07

08

09

10

11

12

01　金代·定窑白釉剔粉花纹枕	05　清代·瓷壶（法国吉美博物馆）	09　明代·宣德年制款黑漆阴刻卷草纹炕桌局部
02　宋代·磁州窑白釉黑花瓷镜盒	06　清代·金嵌松石珊瑚坛	10　晚清·卷草纹嵌云石花板
03　宋代·耀州窑青釉刻划花牡丹纹三足瓷炉	07　明代·黄花梨有束腰三弯腿大方凳	11　明代·Chinese incense burner（大英博物馆藏）
04　明代·成化「天」字彩夔龙罐	08　明代·宣德年制款黑漆阴刻卷草纹炕桌	12　清代·粉彩镂空云龙纹转心冠架

现代设计范例说明

01 儿童房用绘有唐草纹的墙纸装饰
02 儿童房用绘有唐草纹的墙纸装饰
03 唐草纹的灯罩
04 特色餐厅的开花上的唐草纹装饰

01 特色餐厅的开花上的唐草纹装饰　　04 特色餐厅的开花上的唐草纹装饰

02 卧室中的玻璃唐草纹装饰　　　　　05 铁艺唐草纹隔断，来源于传统的唐草纹样但同

03 卧室中的玻璃唐草纹装饰　　　　　　　时又有现代感

BINGLIEWEN

冰裂纹

元素

元素盛行时期：宋代

元素颜色：无限制

元素材质：木质、石刻、砂雕等

元素说明：

起源：数九寒冬，冰冻三尺，执棒槌或石头砸其上，冰面就会嘎然一声，出现许多炸裂开的白色纹路，这种纹路称之为"冰裂纹"。传统装饰图案中，这种源自于大自然的纹样通常反映人们对大自然美好事物的追求。

元素运用原则：

冰裂纹多作为主图案出现，一般为填充图案。

元素历史背景：

1. 宋代时期：这种纵横交织的纹路首先出现在蜚声全球的瓷器上，以宋代哥窑产品最为著名。冰裂纹原本是瓷器烧制中的缺点，但人们有意利用这种缺陷开裂的规律，制造开片釉，从而使之成为瓷器的一种特殊装饰，自然而美丽。在瓷器之后，家具受瓷器的影响开始使用冰裂纹，并得以推崇。冰裂纹常以透雕和榫接的形式饰于床的围栏、椅背、透空的橱门以及画案的下搁板处，它们既满足了特定家具部件需要"透空"的功能，又极大地丰富了家具的形体和装饰效果；看上去似透明的冰，又如梅花片片，层层叠叠，具有较强的立体感。冰裂纹是极典型的化腐朽为神奇的残缺之美。

2. 元明清时期：这个时期的冰裂纹在瓷器、家具方面的运用更为广泛。

元素在室内设计中的使用建议：

1. 客厅、餐厅、过道、卧室、书房等可使用冰裂纹作为吊顶造型设计、墙面造型设计、隔断造型设计；也可选用带有冰裂纹图案的家具、灯具、壁纸、布艺、玻璃、装饰品配合运用；

2. 厨房、主次卫生间等可使用冰裂纹作为瓷砖表面装饰图案选择；橱柜、洁具用具表面装饰图案选择；

3. 色彩：建议空间主色调采用宋代代表颜色组合朱丹、莹白。

冰裂纹基本形式

元素溯源

宋元时期冰裂纹实例图片

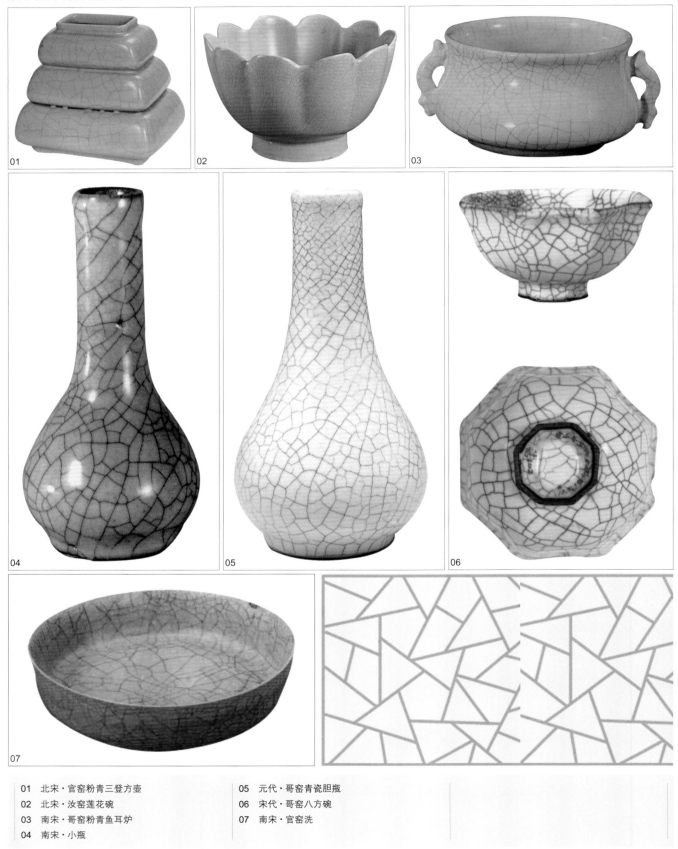

01 北宋·官窑粉青三登方壶	05 元代·哥窑青瓷胆瓶
02 北宋·汝窑莲花碗	06 宋代·哥窑八方碗
03 南宋·哥窑粉青鱼耳炉	07 南宋·官窑洗
04 南宋·小瓶	

明清时期冰裂纹实例图片

01　明代·高足杯	05　清代·雍正仿哥窑水盂笔舔
02　清代·仿哥窑橄榄瓶	06　明代·哥釉鼓式洗
03　清代·雍正仿哥釉暗刻橄榄瓶	
04　清代·一搁台式冰裂纹脚踏书桌	

现代设计范例说明

01 餐厅的冰裂纹装饰墙　　05 文化石组成的冰裂纹装饰墙，粗犷中更显自然美感　　09 文化石组成的冰裂纹装饰墙，粗犷中更显自然美感
02 餐厅冰裂纹的灯箱装饰　　06 文化石组成的冰裂纹装饰墙，粗犷中更显自然美感　　10 中式茶楼中的冰裂纹与菱形纹组合有装饰
03 茶几表面采用冰裂纹装饰　　07 文化石组成的冰裂纹装饰墙，粗犷中更显自然美感　　11 新中式方几家具上冰裂纹装饰
04 冰裂纹隔断　　08 文化石组成的冰裂纹装饰墙，粗犷中更显自然美感

GUIBEI WEN

龟背纹

元素

元素盛行时期：宋代

元素颜色：无限制

元素材质：木质、石刻、砂雕等

元素说明：以八角或六角几何图形为基调的装修棂条图案，称为"龟锦纹"或"龟背锦"。

元素运用原则：

通常以二方连续或四方连续的形式出现。

元素历史背景：

1. 先秦时期：龟背纹是传统装饰纹样的一种，因它像龟背的斑纹，故名。古时以龟甲作为占卜工具，谓能兆吉凶；《庄子·秋水》谓："吾闻楚有神龟死已三千岁矣。"故又谓龟长寿，是一种灵物，因此龟背纹有"吉祥"之喻意。

2. 南北朝时期：南北朝军戎服是用小块的鱼鳞纹甲片或者龟背纹甲片穿缀成圆筒形的身甲，成自然之形象。

3. 宋代时期：宋锦，为宋代发展起来的织锦，因主要产地在苏州，故谓"苏州宋锦"，明清以后织出的宋锦称为"仿古宋锦"或"宋式锦"，统称"宋锦"，其主要构图形式是在几何图案骨架上添加各式花纹，龟背纹是其主要形式之一。

4. 明代时期：明代的民居建筑上的彩绘也大都以灰白蓝黄为基本色调，图案花纹则主要为缠枝莲花、菊、花鸟以及较规整的龟背纹图案等。厅堂梁枋图案基本以"盒子"绘龟背及缠枝莲，藻头"一整二破"旋子，方心加仰莲衬龟背地纹为规格。太和殿的门窗上，前檐的尽间和梢间安装四抹菱花窗，龟背锦琉璃槛墙。

5. 清代时期：门窗类型在清代明显加多，而且门窗棂格图案更为繁杂，与明代简单的井字格、柳条格、枕花格、锦纹格不可同日而语。在清代，许多门窗棂格图案已发展为套叠式，即两种图案相叠加，如十字海棠式、八方套六方式、套龟背锦式等。

元素在室内设计中的使用建议：

1. 客厅、餐厅、过道、卧室、书房等可使用龟背纹作为吊顶造型设计、墙面造型设计、隔断造型设计；也可选用带有龟背纹图案的家具、灯具、壁纸、布艺、装饰品配合运用；

2. 厨房、主次卫生间等可使用龟背纹作为瓷砖表面装饰图案；橱柜、洁具用具表面装饰图案；

3. 色彩：建议空间主色调采用宋代代表颜色组合朱丹、莹白。

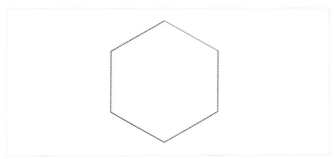

龟背纹基本形式

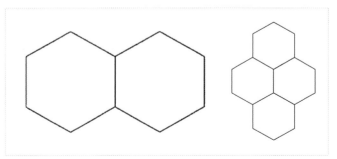

龟背纹演变形式

元素溯源

先秦时期龟背纹实例图片

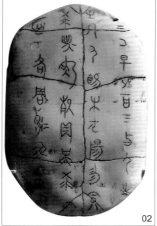

魏晋时期龟背纹实例图片

01 甲骨文	05 战国时期·龟鱼纹方盘
02 甲骨文版	06 魏晋·笼冠大袖衫
03 西周晚期·龟形玉	07 魏晋南北朝时期·妇女衫裙
04 红山文化·玉龟	

唐宋时期龟背纹实例图片

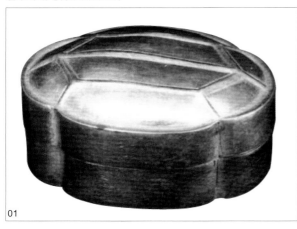

01

02

元明清时期龟背纹实例图片

03

04

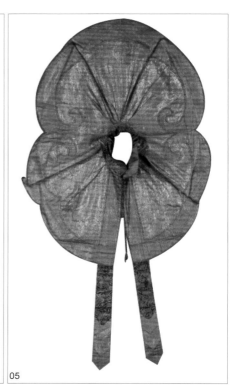

05

06

01　唐代·龟背纹银盒	05　元代·红地龟背龙凤纹纳石失佛衣披肩
02　唐代·龟形银盒	06　元代·青地织金八吉龟纹盔甲锦
03　清代·五彩缠枝莲纹葫芦瓶	
04　元代·褐彩牡丹纹梅瓶（深圳博物馆藏）	

元明清时期龟背纹实例图片

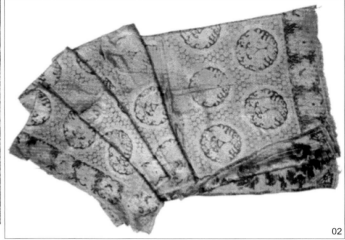

现代设计范例说明

01 元代·红地龟背龙凤纹纳石失佛衣披肩局部

02 元代·双羊和如意宝相花锦

03 龟背纹饰的窗帘

01　龟背纹的地毯
02　龟背纹的通透木隔断墙
03　饰有龟背纹的抱枕
04　饰有龟背纹的抱枕
05　柜门上以镂空龟背纹装饰

YUN WEN ◎

云
纹

元素

元素盛行时期： 秦汉、唐代

元素颜色： 无限制

元素材质： 木质、石刻、砂雕等

元素说明：

　　云纹在形式上最初表现为圆形的回旋线条构成的几何图形，在形式上依次出现了云雷纹、卷云纹、云气纹、朵云纹、如意纹等不同造型的云纹。

　　喻意： 云纹在中国人的心中一直是极具中华文化特色的"祥云"，它代表着吉利、祥和、理想、美好以至神圣之意。几千年来，其传承发展了丰富多彩的形态和图案样式，蕴涵着中华民族崇尚自然、超越自然的精神特征，具永恒的生命力。

元素运用原则：

　　可以做为主体图案进行装饰，也可以做为辅助装饰；能单独使用或以多方连续的形式出现。

元素历史背景：

　　1. 原始社会：新石器时代中陶器上的涡形旋纹被认为是云纹演绎的基础及组成部分，多数用于陶器的主体部分并重复使用。有关云纹的产生，有部分学者认为，彩陶上的原始旋纹就是早期的云纹样式，在后来云纹的发展中，涡形旋纹始终是云纹演绎的基础及其形态结构中的最重要的组成部分。

　　2. 先秦时期：商周青铜器上的云雷纹就是以涡形旋纹为骨干构成的，常作为地纹装饰出现在器物的上下边缘以及主要纹饰的间隔部分。春秋战国时期开始出现了卷云纹，较之前者它更具有回旋盘曲和不拘一格的多样性。这种侧重直觉动感和力势的散漫格式，成为汉代云气纹的先导。

　　3. 秦汉时期：秦汉时期，中国处于封建大统一时期，秦始皇兼并六国，汉武帝击破匈奴，表现出气垫磅礴的创业精神。汉代以在漆家具上髹（xiu）漆彩绘为主要特征，与此相适应，漆家具上的云纹装饰也丰富多彩，非常生动。汉代在卷云纹的基础上，侧重视觉动感和力势，出现了极具时代感的云气纹。汉代时期普遍出现的云气纹与其时的天界、飞升思想相关，大量出现在漆器、织物、汉画上，常作为独立主饰纹样，或间以龙，凤纹。建筑方面，云纹瓦当是西汉瓦当中数量最大的一类。特征是：当面中心多为圆钮，或饰以三角、分格形网纹、乳钉纹等。云纹占据当面中央大面积的主要部位，花纹复杂多样。服饰方面，这一时期的衣服图案大多是"S"形云纹。这种"S"形图案具有左右上下互相呼应、回旋的生动的特点。家具方面，汉代家具以在漆家具上髹漆彩绘为主要特征，与此相适应，漆家具上的云纹装饰也丰富多彩，非常生动。汉代在卷云纹的基础上，侧重视觉动感和力势，出现了极具时代感的云气纹。用器方面，以轻盈、精巧、别致而著称的漆器工艺在汉代也达到了顶峰。其工艺制作精密，装饰纹样主要也是舒展、流动的变形云纹、动物纹、植物纹、几何纹、但漆器工艺品上较多的是云纹。艺术方面，云纹大量使用在平面装饰上，如漆器，织物，以及画像石上。

　　4. 南北朝时期：汉代云气纹的流动感得以继续演绎发展，云纹的简化与打散在这一时期趋于极致，似乎应了合久必分，分久必合的逻辑思维，并开始出现了朵云纹。

　　5. 唐宋时期：唐代是朵云纹盛行的时期，典型的有单勾卷和双勾卷两种最基本的样式。宋代云纹在总体上依然是朵云纹样式。只是增多了波折曲线，在形态上显得较为复杂。以如意云纹的形式出现较多，比较写意，大量出现在瓷器装饰上。

　　6. 明清时期：明代的云纹，在形式结构上呈现鲜明的平面组合性。所构成的富有对称性和秩序感的图案化结构。清代在明代平面化结构的基础上，又表露出对"厚度"的追求，更强调立体感，但总体仍保持着朵云的意象，以强调云形态的流转飘逸。

元素在室内设计中的使用建议：

　　1、客厅、餐厅、过道、卧室、书房等可使用云纹作为吊顶造型设计、墙面造型设计、隔断造型设计；也可选用带有云纹图案的家具、灯具、壁纸、布艺、装饰品配合运用；

　　2、厨房、主次卫生间等可使用云纹作为瓷砖表面装饰图案选择；橱柜、洁具用具表面装饰图案选择；

　　3、色彩：建议空间主色调采用唐代代表性颜色组合金黄、贵妃红。

云纹基本形式

云纹演变形式

元素溯源

新石器时代云纹实例图片

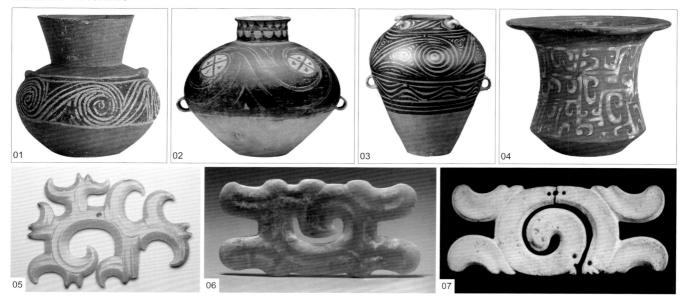

夏商周时期云纹实例图片

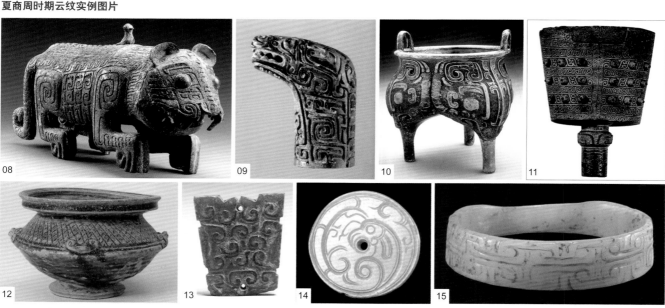

01	大汶口·涡纹彩陶	06	红山文化·玉勾云形	11	西周·云雷纹青铜铙
02	马家窑半山·涡纹双系壶	07	红山文化·勾云形玉器	12	西周·原始瓷盘口尊
03	涡纹双耳四系彩陶罐	08	商代·伏鸟双尾铜卧虎	13	东周·云纹玉饰片
04	夏家店上层文化·彩绘勾云纹陶尊	09	商代·卷云纹和云雷纹杖头形铜构件	14	西周·凤鸟纹玉佩
05	红山文化·勾云形玉饰	10	西周早期·云纹鲁侯熙鬲	15	商代晚期·勾连纹玉镯

春秋战国时期云纹实例图片

秦汉时期云纹实例图片

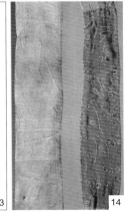

01　春秋·莲盖铜壶	06　春秋·鸟形云纹玉石	11　西汉·云纹漆钫·马王堆汉墓
02　战国·错金云纹豆	07　春秋·蔓藤纹织物残片	12　西汉·玉剑珌
03　春秋·亚字形玉佩	08　秦云·纹瓦当	13　西汉·玉云纹剑首
04　战国·勾云纹玉柱	09　西汉·金怪兽	14　东汉·绢地云纹织锦
05　战国·兽面纹玉琮	10　秦代·彩漆云鸟纹圆盒	

隋唐时期云纹实例图片

宋元时期云纹实例图片

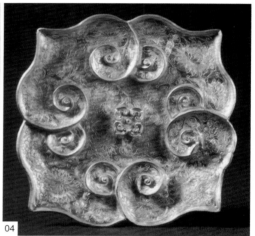

01　唐代·长沙窑釉下彩云珠纹罐（江苏省扬州市博物馆藏）

02　唐代·云形玉杯

03　元代·捶丸图壁画

04　元代·如意云纹金盘

05　元代·剔红如意云纹大盘

06　元代·"张成造"剔犀云纹盘

07　南宋·吉州窑黑褐釉草纹壶（美国波士顿美术馆）

08　元代·吉州窑黑彩绘花云纹瓶

09　北宋·汝窑天青米色三牛尊（台北故宫博物院）

10　南宋·玉璧·回纹与云纹

明清时期云纹实例图片

其他云纹实例图片

01	明代・黄花梨高面盆架	05 彩绘云气纹漆案及所托杯盘
02	清代・民间玩具大阿福	06 彩绘云气纹漆鼎
03	明代・螭纹青花瓶	07 错金云纹青铜博山炉
04	清代・白玉盖碗	08 变形云纹银梅

现代设计范例说明

01 室内金色雕刻云纹的背景墙
02 云纹做成的顶灯，很有新意
03 云纹的装饰墙纸成为其
04 云纹的装饰墙纸成为其

05 欧式家具表面装饰有中国风格的云纹
06 欧式家具表面装饰有中国风格的云纹－特写
07 云纹装饰牌，成为风格统一的标识
08 室内门头上两端雕刻有云纹，极具中国特色

09 室内门头上两端雕刻有云纹，极具中国特色－特写
10 云纹的装饰墙纸成为其
11 上海酒店中的墙面上巨大的铜制中国铜锁装饰件，上有云头纹饰

05

06

07

08

09

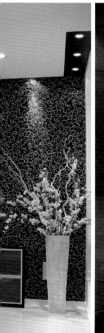

10

11

HUI WEN 回纹

元素

元素盛行时期：宋代

元素颜色：无限制

元素材质：木质、石刻、砂雕等

元素说明：

喻意：回纹是中国古代常见的装饰图案，也是陶瓷器上的一种传统纹饰，回纹与雷纹同源同义，因纹样如"回"字而得名。寓意吉利深长，苏州民间称之为"富贵不断头"。用短横竖线环绕组成回字形，线条作方折形卷曲。

元素运用原则：

其构成单元呈方形，有单体间断排列的，有一正一反相连成对，俗称"对对回纹"，也有连续不断的带状形等。

元素历史背景：

1. 先秦时期：距今 4000 多年前，在仰韶文化马厂遗址中的陶器上就出现了回纹图案。回纹在商代灰陶器上较盛行，在商周青铜器上也多见。

2. 秦汉和南北朝时期：在建筑和陶器上回纹也有广泛的应用。

3. 宋代时期：复古风气开始盛行，回纹再度流行。宋代的吉州窑、定窑、耀州窑、磁州窑等广泛采用，特别是景德镇窑烧制的瓶、罐、盘、碗、洗、炉、枕等器物上，回纹都作为边饰出现在这上面。

4. 元明清时期：瓷器在装饰上基本保持了这一传统风格。元青花上的回纹源自青铜器的云雷纹。从外到内一般为套叠两框，也见单框，也有变形回纹。明初青花回纹多为两个一组，笔画相连，借用一条边线。明初回纹的另一种画法是整个饰带一笔完成，从外向里画后再逆向画出，开始第二个单位。家具方面，从现今遗存下来的家具来看，家具上回纹的出现当在清代以后，特别是乾隆时期，这一时期的家具多在桌案椅凳的腿足端雕饰以回纹马蹄图案。

元素在室内设计中的使用建议：

1. 客厅、餐厅、过道、卧室、书房等可使用回纹作为吊顶造型设计、墙面造型设计、隔断造型设计；也可选用带有回纹图案的家具、灯具、壁纸、布艺、装饰品配合运用；

2. 厨房、主次卫生间等可使用回纹作为瓷砖拼花形式设计、瓷砖表面装饰图案选择、橱柜、洁具用具表面装饰图案选择；

3. 色彩：建议空间主色调采用宋代代表颜色组合朱丹、莹白。

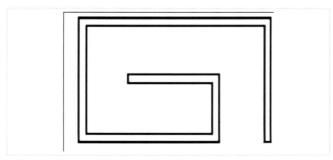

回纹基本形式

回纹演变形式

元素溯源

先秦时期的回纹实例图片

秦汉时期的回纹实例图片

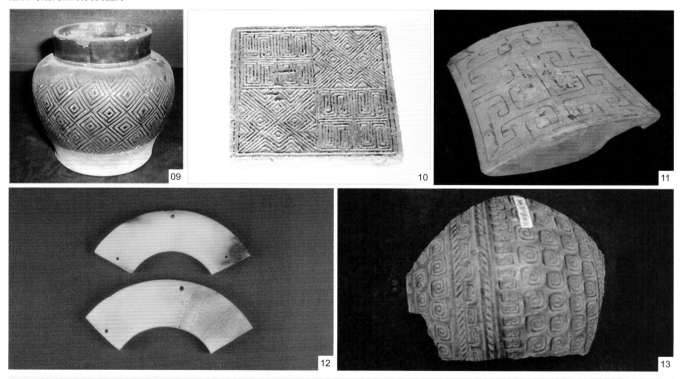

01 夏家店上层文化·彩绘双腹陶罐	05 商代·回纹白陶器（美国 Free 美术馆藏）	09 汉代·回纹小罐
02 辛店文化·彩陶双耳壶	06 商代·回纹白陶尊（中央研究院藏）	10 西汉·方砖　　　　11 西汉·玉器
03 战国·云雷纹回纹彩绘陶豆	07 商代·雷纹方铜钺	12 汉代·玉璜两件，其一阴刻回纹
04 春秋·云雷纹回纹彩绘陶双耳壶	08 战国·回纹小手镜	13 西汉·越窑回纹罐残片

魏晋时期的回纹实例图片

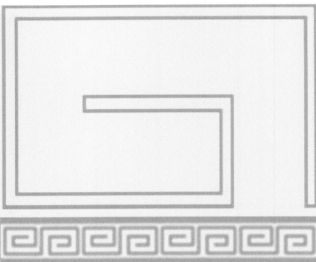

01

唐宋的回纹实例图片

02

03

04

05

06

07

01	西晋·绿釉暗刻回纹罐	05	晚唐·莫高窟第161窟窟顶藻井，千手千眼观
02	金代·陶制仿古瓶		音菩萨
03	南宋·滑石簋	06	宋代·回纹古玉雕花圈
04	宋代·当阳峪窑剔花罐	07	宋代·似回纹雷纹剑

元明清时期实例图片

其他回纹实例图片

01 明代·青玉炉	05 清代·剔红双圆宝盒	09 青花八吉祥纹扁瓶
02 明代·磁州窑狮盖罐	06 清代·乾隆粉红锦地番莲	10 红地套蓝花蝶纹瓶，颈有回纹
03 清代·蓝釉回纹双耳罐	07 元代·玉龙纹活环尊	
04 清代·青花太极八卦饕餮纹琵琶尊	08 明代·娇黄凸雕九龙方盂	

现代设计范例说明

01

02

03

04

01　中式茶馆中的装饰画上采用连续的回纹做边饰　　05　床品上印有连续的变体回纹
02　采用单体大回纹的地毯　　　　　　　　　　　06　装饰隔断上用回纹作装饰
03　采用连续回纹地毯　　　　　　　　　　　　　07　茶几的腿部用巨大的回纹做成，富于张力，
04　装饰品上采用回纹，古色古香　　　　　　　　　　大气十足

LIANZHU WEN

联珠纹

元素

元素盛行时期： 隋唐时期

元素颜色： 无限制

元素材质： 木质、石刻、砂雕等

元素说明：

喻意：联珠纹又称连珠纹、圈带纹、串珠纹，是中国传统文化中的一种几何图形的纹饰，是由一串彼此相连的圆形或球形组成，成一字形、圆弧形或"S"型排列，有的圆圈中有小点，有的则没有。联珠纹用于青铜器、建筑、陶瓷上的装饰。联珠纹象征珍珠成串，富贵连连。

元素运用原则：

联珠纹以圆图形相接，缀联成圈，围成一个近方似圆的空间，以鸟兽、人物、花草等素材填充其内，并以此为基本单位，或横向、或竖向联成条状边饰，或上下左右加辅助纹样构成四方连续图案。联珠纹样中心的主题图形有两种构成形式：一是内置单独纹样，强调活泼的动感，形象鲜明而单纯；二是布局以对称形图案，皆成二、四、六偶数出现，或旋转对称，或左右对称，水平对称较少见，给人以对称图案所营造的庄重、稳定的美感。

元素历史背景：

1. 先秦时期：青铜器上的纹饰，在当时还没有作为图案衬地（通"底"）的花纹。纹饰大多以带状出现，常见的有弦纹、兽面纹。纹样排列成带状圆圈，圆圈中有的有一小点，有的没有点。饰在器物的肩上或器盖的边缘等部位。这一纹饰出现很早，在二里头文化铜爵的腹部，已饰有实体的圈带纹，以发展为空心小圆圈，大多装饰在主体纹的上下，作为陪衬装饰。在带状兽面纹上下夹以联珠纹，则是当时很流行的设计。

2. 三国西晋时期：这个时期的联珠纹很盛行，由小圆圈或花蕊纹连接而成，多装饰在网格带纹的上下两侧。

3. 隋唐时期：联珠纹作为边饰在隋唐是新出现的一种纹样，代表作如唐代长沙窑釉下彩、扬州唐城遗址出土的褐绿彩联珠状涡云莲花纹双耳罐。服饰方面，唐代的衣服装饰华美艳丽，服装上的纹饰图案丰富多彩，而联珠纹是比较流行的纹样之一。此时期的丝织物大量应用联珠纹，并成为一种时尚，它的形成变化更趋向于成熟完美，给人类的社会文明和艺术设计领域留下一笔宝贵的财富。建筑方面，唐代的建筑装饰，在壁面上常有壁画装饰，画中经常运用联珠纹、流苏纹、火焰纹及飞天等富丽丰满的装饰图案。用器方面，在唐代，联珠纹在瓷器、金银器、铜镜上都出现过，成为装饰器具中盛行的主要纹样之一。艺术方面，联珠纹与佛教有着很大联系，在隋唐时期的敦煌艺术中，联珠纹经常出现在彩塑、壁画、藻井的绘画当中。

4. 宋元时期：这个时期的联珠纹作为瓷器的边饰，特点是大圆圈里划小圆珠，或在粗大的圆圈里套划三至五个小圆珠。元代景德镇窑瓷器上的联珠纹或缀成主题纹样和辅助纹样，或缀成吉语文字，或缀成开光，多用来装饰青白釉、青花、釉里红瓷器。

明清时期：联珠纹在用器方面继续广为应用，如玉器，瓷器等。

元素在室内设计中的使用建议：

1. 客厅、餐厅、过道、卧室、书房等可使用联珠纹作为墙面造型设计、隔断造型设计；也可选用带有联珠纹图案的家具、灯具、壁纸、布艺、装饰品配合运用；

2. 厨房、主次卫生间等可使用联珠纹作为瓷砖表面装饰图案选择；橱柜、洁具用具表面装饰图案选择；

3. 色彩：建议空间主色调采用唐代代表颜色组合金黄、贵妃红。

联珠纹基本形式

联珠纹演变形式

元素溯源

先秦时期联珠纹实例图片

秦汉时期联珠纹实例图片

01	半山类型彩陶·圈点纹壶	05	史前·大汶口彩陶,下部有联珠纹
02	新石器陶罐	06	西周·夔纹盉,腹有联珠纹(台北故宫博物院)
03	周代·彩釉珠纹盖罐(查理·怀特私人原藏)	07	汉代·绿釉凤纹扁壶(德国柏林东方博物馆藏)
04	商代·龟纹椭圆形铜构件	08	汉代·四鱼纹大盘(台湾历史博物馆藏)

魏晋南北朝联珠实例图片

隋唐时期联珠纹实例图片

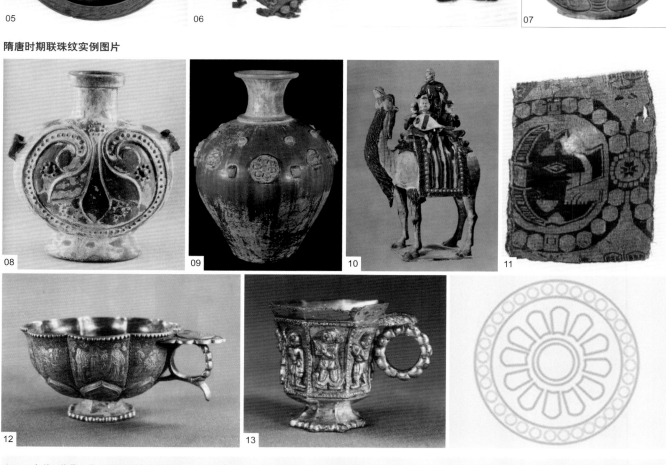

01	东魏·菩萨立像（头饰上刻联珠纹）	05	东晋·越窑兽环洗美国华盛顿佛利尔美术馆藏）	09	唐初·绿釉贴花壶（美国华盛顿佛利尔美术馆藏）
02	北齐·思维菩萨像	06	南北朝·联珠双凤纹锦	10	唐代·三彩乘骆驼乐人俑
03	西晋·青瓷兽环扁壶（美国波士顿美术馆藏）	07	北齐·黄釉乐舞图壶	11	唐代·联珠猪头纹锦　12　唐代·少女狩猎纹杯
04	西晋·青瓷唾壶（联珠菱形纹格）	08	隋代·绿釉刻花连瓣纹扁壶	13	唐代·舞伎联珠柄金杯

宋元时期联珠纹实例图片

| 01 | 02 | 03 | 04 |

明清时期联珠纹实例图片

| 05 | 06 | 07 |
| 08 | 09 | 10 |

01	北宋·褐釉盘口瓶	05	明代·穿龙袍戴翼善冠的嘉靖帝像	09	清代·象牙镂雕提食盒
02	宋代·白釉划花腰圆枕	06	明代·仁孝文皇后像	10	清代·象牙镂雕提食盒局部
03	宋代·耀州窑青釉提梁倒灌壶	07	清代·世祖顺治皇帝福临像		
04	元代·察合台汗国银币	08	清代·银镀金镶珊瑚松石坛城		

其他联珠纹实例图片

现代设计范例说明

01 东魏·菩萨立像（头饰上刻联珠纹）	05 青瓷鸡首瓶	联珠纹式样
02 联珠四骑猎狮纹锦局部	06 瓷印纹洗	
03 狻猊葡萄纹铜镜	07 罗地刺绣联珠人物纹经袱	
04 龙虎耳青铜扁足鼎	08 餐厅墙面的雕刻花朵装饰中，花蕊被处理成	

01　装饰镜的边框装饰有一圈联珠纹

LINGXING WEN ◇

菱形纹

元素

元素盛行时期: 汉代

元素颜色: 无限制

元素材质: 木质、石刻、砂雕等

元素说明: 菱形纹起源于鱼图腾的图案,由于先民们对于自然界中的对称现象逐步有了认识,鱼图腾的图案逐渐演变为几何的菱形纹,表现出人们对美的追求。

元素运用原则:

在装饰纹样的整体构图中,菱形纹有作中心纹样的,也有作边栏纹样的;有作母体纹样的,也有作补白纹样的。其主要造型为两头稍扁,中间较宽,并沿中轴对称。

元素历史背景:

1. 原始社会:新石器时代已经出现的这个图形,表示人们对美的追求。从美的方面考察,对称性是很重要的一个因素。由于自然界(包括人体本身)普遍存在着对称现象,先民们对此逐步有了认识,慢慢地形成了对称的观念,然后在绘画、刻印等文化方面开始应用。

2. 先秦时期:先秦时期的装饰纹样以几何纹为主。其中菱形纹是运用最多,也最富于变化。这一时期的彩陶,以菱格纹作主要装饰,由四个带点小菱形组成大菱形,外饰粗壮黑边,中间镶锯齿纹,粗细线条相间,明暗色调对比,形成有节奏的美感。同时青铜器、织物和铜镜也多采用这种装饰纹样。出现了大小菱纹叠加而成的纹样,很有层次感。这种形式的菱形纹随后在汉朝得以广泛使用。

3. 秦汉时期:菱形纹盛行于秦汉时期,汉代得到进一步的发展。这个时期出现的菱形纹多为双菱纹,即在大菱形的两对角处附以小菱形,又像俯视的耳杯,所以也称杯纹。也常出现在建筑、家具、服饰、用器和石刻上。建筑方面,汉代的建筑常采用菱形窗格作为装饰,汉砖上也能见到大量的菱形纹装饰。服饰与织物方面,汉代袍服是作为礼服使用,其基本样式:以大袖为多,袖口有明显收敛,领、袖都有饰花边。花边纹样繁多,其中也大量使用菱形纹。汉代在织品中菱形纹运用广泛,常常几何纹、植物纹和动物纹相互交替分布。此种双菱纹在汉代最为流行。家具方面,以漆器工艺为代表,菱形纹与云气纹,变形花鸟纹一样成为运用广泛的装饰图案之一。用器方面:这一时期,在铜器中菱形纹的运用较多。如春秋时铜镜背面使用了菱形装饰纹样,制作极为精美。秦汉时的铜锺也用菱形纹作为主要装饰元素。

4. 唐宋时期:服饰和织锦也出现过菱形纹的装饰纹样,变化较多。

5. 元代时期:最具代表的青花瓷器上出现的菱形装饰多为带状,画于盘的口沿或作瓶罐纹饰的间隔。圆口大盘一段用菱形饰带装饰边沿。每一单体为两个菱形套叠,有的在其间填青。

元素在室内设计中的使用建议:

1. 客厅、餐厅、过道、卧室、书房等可使用菱形纹作为吊顶造型设计、墙面造型设计、隔断造型设计;也可选用带有菱形纹图案的家具、灯具、壁纸、布艺、装饰品配合运用;

2. 厨房、主次卫生间等可使用菱形纹作为瓷砖拼花形式设计、瓷砖表面装饰图案选择、橱柜、洁具用具表面装饰图案选择;

3. 色彩:建议空间主色调采用汉代代表性颜色组合红色、黑色。

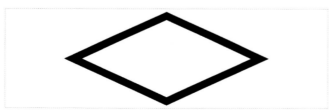

菱形纹基本形式

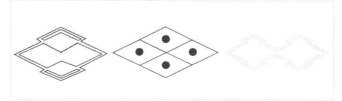

菱形纹演变形式

元素溯源

原始社会菱形纹实例图片

夏商周时期菱形纹实例图片

01 新石器时代·菱格纹彩陶罐	05 边家林类型单耳壶
02 半山类型彩陶菱形几何纹双系壶	06 半山类型菱形纹罐
03 半山斜格纹壶(瑞典斯德哥尔摩远东古物馆藏)	07 西周·菱格乳丁纹鼎
04 半山类型彩陶壶	08 战国·三角菱纹乳丁豆

春秋战国时期菱形纹实例图片

秦汉时期菱形纹实例图片

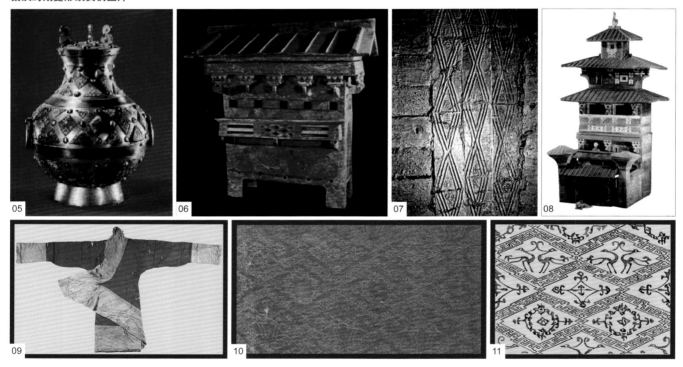

魏晋南北朝时期菱形纹实例图片

唐宋时期菱形纹实例图片

01 春秋·青瓷双耳罐	02 战国·菱格蟠螭纹镜	08 东汉·四层彩绘陶仓楼	11 西汉·黄色对鸟菱纹绮（湖南博物馆，马王堆
03 战国·菱纹铜镜	04 春秋·越王勾剑	09 西汉·朱红菱纹罗丝绵袍（湖南博物馆藏，马	汉墓出土）
05 汉代·官铜锤	06 东汉·彩绘屋	王堆汉墓出土）	12 西晋·双鸟盖四耳盃　13 西晋·印纹瓷卣
07 汉代·"安君帮壁"墓砖		10 西汉·黄色对鸟菱纹绮（湖南博物馆，马王堆	14 唐代·三彩乘骑驼乐人俑
		汉墓出土）	

明清时期菱形纹实例图片

其他菱形纹实例图片

01 清代·彩漆鹰爪杯	菲勒私人藏品之一)	07 菱形纹锦
02 清代·粉彩纹章盘（瑞典斯德哥尔摩远东古物馆藏）	04 清代·粉彩福禄寿碗	08 菱纹罗（局部）
03 元代·景德镇窑青花瑞兽纹盘（美国约翰洛克	05 清代·粉彩描金徽章小碗	09 对鸟菱纹绮花纹摹写图
	06 玉簋	

现代设计范例说明

01

02

01　别墅中央空调的通风口处用菱形纹的挡板，有很好的装饰作用

02　饰有镂空雕刻连续菱形纹的中国古典风格四折木屏风

03　餐椅上的变化的菱形装饰纹图案与餐桌上中间带乳丁装饰的菱形纹，现代中又有传统元素

04　室内小酒吧展示墙的柜门面板饰有中间装饰乳丁的菱形纹

05　新中式柜类家具门板雕刻有变体菱形纹，与中国古代铜镜、服饰上菱形纹颇有几分神似

RUDING WEN ●

乳
丁
纹

元素

元素盛行时期：明清时期

元素颜色：无限制

元素材质：木质、石刻、砂雕等

元素说明：

喻意：乳丁纹，中国古代常用纹饰，几何纹饰的一种，是青铜器上最简单的纹饰之一。一个个排列有序的圆点，代表天上的星星。

元素运用原则：

纹形为凸起的乳丁突排成单行或方阵，由一系列突起的乳丁突有规律地组成排列，并构成一定阵式的纹饰，具有独特的结构美。

元素历史背景：

乳丁纹在夏代青铜器出现之始就出现了，直至西汉，在青铜器上还可看见乳丁纹的身影。

1．先秦时期：是乳丁纹的鼎盛时期。乳丁纹主要出现在鼎和簋（guǐ）上，此外，在爵、角、瓶、尊、壶、盒、钟、罍（léi）等器物上也有出现。由于形状简单，乳丁纹在一些青铜器上充当辅助、陪衬的纹饰，如在青铜鼓的两边缘各饰三排，或在钟面上界定边框。充当辅助纹饰的乳丁纹主要功能在于给中部精巧的动物纹饰镶边。但更重要的是，多个乳突排列成方阵，从而产生的韵律美与宏伟大方的气势使乳丁纹成为青铜器上的主体纹饰。

2．宋元时期：青铜器盛行期之后，乳丁纹也常出现在陶质或瓷质器物之上。

3．明清时期：这一时代使用较多，多装饰于玉璧和器皿。

乳丁纹形状简单、明快，如果就单个乳丁的形状看，不同的时代是分不出多少区别的。但乳突群与其它几何纹饰的组合并形成固定的图案，它们在不同的时代各领风骚。

元素在室内设计中的使用建议：

1．客厅、餐厅、过道、卧室、书房等可使用乳丁纹作为墙面装饰造型设计、隔断装饰造型设计；也可选用带有乳丁纹图案的家具、灯具、壁纸、布艺、装饰品配合运用；

2．厨房、主次卫生间等可使用乳丁纹作为瓷砖表面装饰图案选择；橱柜、洁具用具表面装饰图案选择；

3．色彩：建议空间主色调采用明代时期代表性颜色组合明黄、品红。

乳丁纹基本形式

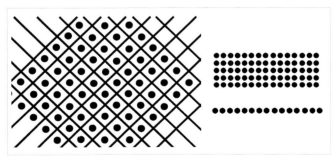

乳丁纹演变形式

元素溯源

夏商周时期乳丁纹实例图片

春秋战国时期乳丁纹实例图片

秦汉时期乳丁纹实例图片

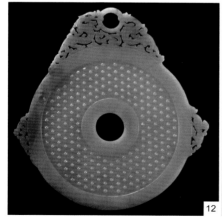

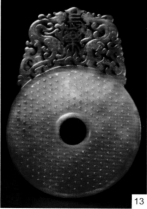

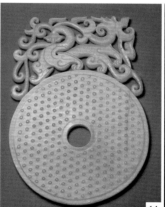

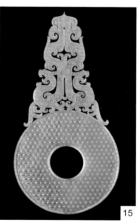

01	商·乳丁鸟纹方鼎	06	西周早期·妊簋	11	春秋·圈点纹双耳黑衣陶罐
02	商·乳丁鸟纹簋	07	周代·戎生编钟局部（保利艺术博物馆）	12	东汉·玉璧
03	西周·菱格乳丁纹鼎	08	春秋·镈钟	13	东汉·长乐玉璧
04	商·钩连乳丁纹羊首罍	09	战国·青釉钟	14	汉代·乳丁纹璧现存于美国佛利尔艺术陈列馆
05	商后期·乳丁纹勺（斗）	10	战国·乳丁纹鼎	15	西汉·玉璧

唐宋代乳丁纹实例图片

元代乳丁纹实例图片

明代乳丁纹实例图片

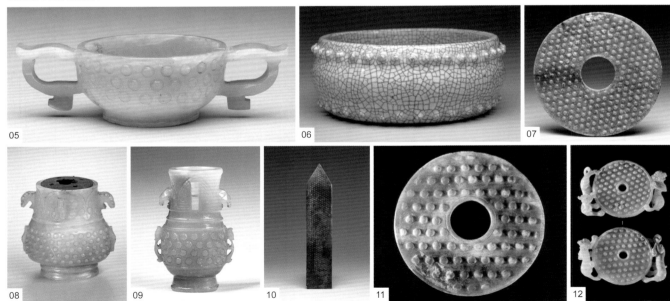

01	唐代·鎏金乳钉纹银簋	05	明代·白玉双耳杯
02	宋·玉盉	06	明代·哥釉鼓式洗
03	唐代·素瓶	07	明代·旧玉乳丁
04	金元·钧窑月白鼓钉洗		

清代乳丁纹实例图片

其他乳丁纹实例图片

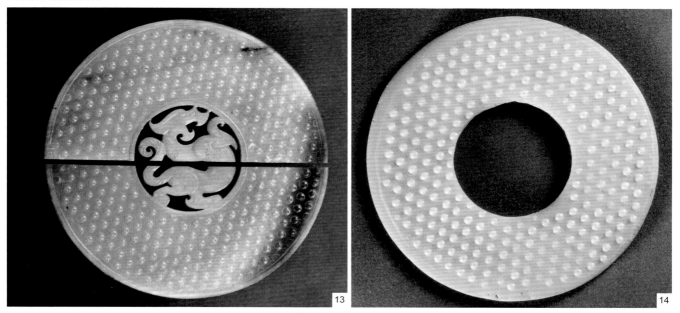

01　清代·青玉匜	06　清代·德化窑白瓷兽面纹炉乳丁纺	11　清代·乾隆年间玉仿古璧乳丁纹
02　清代·白玉寿字乳丁纹炉	07　清代·玉环形盒饰	12　清代·白玉乳丁纹扁方瓶
03　清代·白玉双耳乳丁簋	08　清代·乳丁小瓶	13　镂空螭虎纹玉合璧
04　清代·白玉瓶	09　清代·龙凤纹玉杯	14　玻璃璧
05　清代·白玉龙纹珮	10　清代·铜乳丁钟	

现代设计范例说明

01 现代表面采用乳丁装饰
02 背景墙上用古典的乳丁纹装饰，墙面灯光照射
    又极具现代风格
03 餐厅背景墙采用颇具现代感的乳丁纹装饰
04 用乳丁纹装饰的灯具
05 餐厅背景墙采用颇具现代感的乳丁纹装饰特写
06 中式风格家居中的整面墙采用乳丁装饰，厚重
    的色彩与古典纹样体现出庄重的中国风格
07 餐厅墙面上挂饰，组成乳丁式样的感觉
08 用乳丁纹装饰的灯具

XI WEN

席纹

元素

元素盛行时期：春秋战国

元素颜色：无限制

元素材质：木质、石刻、砂雕等

元素说明：陶器装饰的原始纹样之一，是陶坯未干时放在席子上印出的席子编织印痕，多见于新石器时代陶器的底部，并非有意作装饰用。一般印痕较深，印纹清晰，说明席质较坚硬。席纹一般呈"十"字叉，经纬互相压叠，纺织紧密，排列规则，深浅有致，长短有别，自然生动，典雅美观。典型的席纹有半坡遗址出土陶器上的扁平人字形席纹、圆条和扁条垂直交错的席纹等。

元素运用原则：

其构成单元呈方形，单体经纬交错排列的，有呈单体经纬交错呈方形的，可呈现二方连续，四方连续。

元素历史背景：

1. 新石器时代：陶器是新石器时代在造型美术方面遗留下来的主要创作。陶器中的泥质灰陶是古代最普遍的陶器，表面上有绳纹或篮纹、席纹等编织纹的装饰。但陶鬲的形式在汉代就已完全绝迹，陶器表面的席纹装饰，在汉代以后不多见。

2. 秦汉时期：这一时期的玉人佩，脸形接近西周风格，但发型截然不同；身上的纹饰精美细致，似小蛇在相互盘绕，都呈"S"形，这是春秋时期一种典型的纹饰腰带。上面刻划得很细致，腰上的纹饰像编织的席子一样，称为席纹，这种纹饰是这时期出现的新图案。

3. 汉代以后：席纹在以后的朝代中仍然有出现，并且出现的范围仍是在用器方面，陶器上基本绝迹，主要体现在瓷器方面。

元素在室内设计中的使用建议：

1. 客厅、餐厅、过道、卧室、书房等可使用席纹作为吊顶造型设计、墙面造型设计、隔断造型设计；也可选用带有席纹图案的家具、灯具、壁纸、布艺、装饰品配合运用；

2. 厨房、主次卫生间等可使用席纹作为瓷砖拼花形式设计、瓷砖表面装饰图案选择、橱柜、洁具用具表面装饰图案选择；

3. 色彩：建议空间主色调采用春秋战国时期代代表颜色组合红色、黑色。

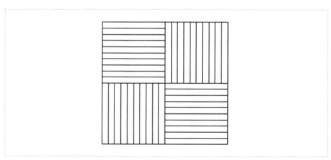

席纹基本形式

席纹演变形式

元素溯源

先秦时期席纹实例图片

秦汉时期席纹实例图片

01 春秋·青瓷双耳罐	05 商代·黄釉陶尊鼎	09 商代·红陶出筋席纹罐
02 马家窑彩陶	06 战国·粗席纹陶罐	10 商代·席纹双耳陶罐
03 西周·双耳席纹云雷纹硬陶罐	07 商代·灰陶	11 汉代·青瓷席纹大罐
04 商代·灰釉弦纹尊	08 商代·灰陶罍	12 汉代·青瓷席纹大罐局部

唐宋席纹实例图片

01

02

03

明清席纹实例图片

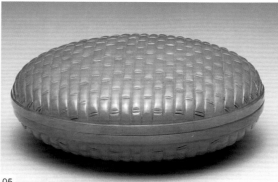

04

05

06

07

08

09

10

01	宋代·琉璃厂窑黄紫釉条纹壶	05	清代·玉柳编印盒	09	清代·五彩寿字璎珞纹葫芦瓶
02	唐代·青釉席纹壶	06	清代·道光青花席纹画缸	10	清代·雍正粉彩几何纹之席纹
03	唐代·席纹黄釉水注	07	清代·红地描金银蒜头瓶，席纹		
04	明代·青花瑞兽纹盘	08	清代·青花什锦瓶		

现代设计范例说明

01　客厅吊顶上边沿雕刻有席纹
02　卧室床头背景墙席纹装饰，很具特色

01　客厅沙发背景墙上采用席纹装饰
02　卧室床头背景墙席纹装饰，很具特色 - 特写

01

02

FUZI WEN 福

福字纹

元素

元素盛行时期： 明代

元素颜色： 无限制

元素材质： 木质、石刻、砂雕等

元素说明：

喻意：中国古代传统纹饰之一。"福"是古今人间最美好的字，是吉祥意义最丰富、最淳厚、最典型的字，包含有幸福、福气等意思，还包含了世俗生活中一切美好的愿望和目标。"福"在中国传统文化中表示幸福安康的意思，既是对美好的向往，也是对未来生活的企盼。

元素运用原则：

将"福"字加以图案化或直接施用于瓷器、布帛、家具、木雕之上，作为装饰，寄寓求福之意。

元素历史背景：

最古的"福"字是写作"双手举酒杯以祭天地"样子的象形字，它的最原始含义就是"向上天祈求"。人类社会早期，人们求助于神灵庇佑，"福"便衍生为"庇荫佑护"之意。后来，"福"又用来特指祭祀用的供品。当人们已不满足于物质生活的享受，而开始追求精神生活的享受时，便要求社会安定、家庭和谐、娱乐愉悦、身体健康。于是"福"的含义便从早期的祭品延伸为物质生活和精神生活的双重富足。"福"字在国人心目中，是一个最具魅力、最尚追求的文字。福字书体之多变，即其自身美化的过程：正、草、隶、篆，具备各种写法。后人集书的"百福图"，更是百体并举，美不胜收。古之文人骚客，以其精美绝伦的书法，书"福"成幅，悬挂庭堂，示雅趣，呈福祉，易风俗。

福字成为人的精神追求象征，是一种大众文化现象。常见春节家家张贴的福字斗方，以楷为本，墨、金并书，端庄平整，落落大方。随着百姓生活提高的需求及印刷术的发展，节日年货摊各式各样被美化了的福字，琳琅满目，洋洋大观。它们中有通体金色的"天官赐福"，四角勾画蝙蝠、中嵌福字的"五福同堂"，以十二生肖镶福，构成"属相年福"，绘铜钱环成的"招财进福"，更有五彩印就、以松竹梅为背景的"富贵荣华"、"福星高照"、"福寿齐天"、"福禄寿禧"等等。窗花中的福字，更是百花齐放，时有出新，如"牡丹捧福"、"金鱼多福"、"有凤呈福"等等，贴之窗壁，吉庆祥和。

元素在室内设计中的使用建议：

1. 客厅、餐厅、过道、卧室、书房等可使用图案化的"福"字纹作为吊顶造型设计、墙面装饰造型设计、隔断装饰造型设计；也可选用带有"福"字纹图案的家具、灯具、壁纸、布艺、装饰品配合运用；

2. 厨房、主次卫生间等可使用"福"字纹作为瓷砖表面装饰图案，或选择表面装饰图案为"福"字纹的橱柜、洁具用具。

3. 色彩：建议空间主色调采用明代代表颜色组合明黄、品红。

福字纹基本形式

福字纹演变形式

元素溯源

原始社会福纹实例图片

01

明代福纹实例图片

02

03

清代福纹实例图片

04

05

06

07

01 甲骨文的"福"字纹	05 清代·镀金内填珐琅累丝盒局部，寿字
02 明代·黄花梨螭龙福字纹半浮雕半透雕	06 清代·镀金内填珐琅累丝盒
03 明代·剔彩福禄寿三桃纹圆盘	07 清代·御赐休宁状元黄轩"福"字匾
04 清代·豆青青花福字纹罐	

现代设计范例说明

01 室内的福纹装饰，中国味儿十足
02 中式茶楼中的福字联，配合室内装饰，体现出亲切的中国民间风情

SHOUZI WEN

寿字纹

元素

元素盛行时期：宋代

元素颜色：无限制

元素材质：木质、石刻、砂雕等

元素说明：

喻意："寿"字是最受人喜爱的汉字之一。看似普通的一个"寿"字，却蕴涵着人们对于生命的热爱，对于吉祥的追寻。"寿"与人的生命长短密切相关，喜生恶死是生物界常见的现象，人也概莫能外。以"寿"字为画，显现着人们对高龄、对长寿的向往，也就意味着对长时间地体味生命之美的肯定。经过数千年历史文化的洗炼，它所蕴含的丰富意境，几乎为每一个中国人所熟识。寿字也逐渐被图案化、艺术化，成了一个吉祥的符号。祝寿图中以"寿"字构图的，被称为寿字纹。既有多字构图的，也有单字构图的，字形圆的称圆寿或团寿，以及花寿，字形长的称长寿。"团寿"的线条环绕不断，寓意生命绵延不断；"长寿"则是借助寿字长条的形式表示生命的长久。而花寿是寿字与图案的组合搭配，以寿字为主题体，辅以各种具有吉祥意义的人物、花卉等。

元素运用原则：

寿字纹是一种特殊的瓷器装饰纹样，文字本非图案，将文字书写错落有致犹如花纹，或将文字作图案化布局，作为装饰画面的组成部分。

元素历史背景：

1. 商代：从此时开始的，但并没有合乎规范的象形字，所以，人们便从甲骨文中借来一个"畴"字作为寿字，因为"畴"字就是田垄的意思，当时种庄稼都是随行就势，田垄是弯弯曲曲的，又长，有些长生长生的意思，于是大家便约定俗成，把"畴"字作为寿字的标记，寿字就统一起来了。甲骨文中的寿字，便以"畴"字假借，在此基础上变化出现了千变万化的体态。借用"畴"字毕竟是一字两意，用起来不易区别，于是又借来一个"老"字会意，古写的"老"字，从形体上像一个手扶拐杖的老人，从字意上说老人意味着长寿，于是便去老字头，再覆盖在寿字之上，把它俩结合到一起，上边形意"老"，下边形声"畴"，组成了一个形声字。

2. 周代：这时形声字的"畴"字得到了广泛应用。

3. 春秋战国：诸侯各自为政，出现了"百里不同风"的文字混杂局面，但寿字的写法依然大同小异。

4. 秦汉：直到秦国统一，统一文字，改大篆为小篆，才统一了寿字的写法，但这时还没有寿字的读音，到了两汉，文字发生了变革，由用笔圆转为方折，字形也由长变方，逐渐出现了隶书、楷书等字体。由此，寿字的发展基本上是按照象形、假借、形声、转注的造字顺序演化而成的。而且形声居多，但也不排除少数指示字和会意字。比如书一圆圈，长四爪，长一头一尾，就是一个龟的样子，用这种形式指定为寿。还有一种是会意，比如一个"千"字一个"秋"字组合在一起也是寿的意义。

5. 宋代至清代：在后期的历史发展中，寿字有三次最大规模的集结：第一次是在宋代，曾整理过"百寿文"；第二次是清康熙五十九年的"六书通"寿字专页，载有289个寿字；第三次是清慈禧六十大寿时，组成专门文官，收集到不同写法的寿字四千多个，还绣成了"千寿幡"。在中国的众多文字中，寿字虽然不是最早出现的文字，但它寓意深刻，而备受推崇，并在发展过程中形成多变的字体。可以说寿字超过了其他任何一个汉字，更是世界上其他任何一种文字都无法比拟的。在后世的运用中，文字被图案化，成为中国传统文字装饰纹样之一。

元素在室内设计中的使用建议：

1. 客厅、餐厅、过道、卧室、书房等可使用图案化的"寿"字纹作为吊顶造型设计、墙面装饰造型设计、隔断装饰造型设计；也可选用带有"寿"字纹图案的家具、灯具、壁纸、布艺、装饰品配合运用；

2. 厨房、主次卫生间等可使用"寿"字纹作为瓷砖表面装饰图案，或选择表面装饰图案为"寿"字纹的橱柜、洁具用具。

3. 色彩：建议空间主色调采用宋代代表颜色组合朱丹、莹白。

寿字纹基本形式　　　　　　　　　　　　寿字纹演变形式

元素溯源

明代寿字纹实例图片

01

02

03

04

05

01	明代·斗彩八宝寿字纹盘	05	明代·嘉靖年间蓝地白花缠枝莲捧寿字纹盘
02	明代·寿字青花小碟
03	明代·寿字玉饰
04	明代·寿字青玉执壶

元素溯源

清代寿字纹实例图片

01 清代·雍正年间青花寿字纹鸟食罐	05 清代·彩瓷盘	09 清代·青花寿字纹碗
02 清晚期·青花寿字纹	06 清代·白玉娃娃耳寿字	10 清代·黄地套红色玻璃寿字盖豆
03 清代·青花莲寿盘	07 清代·道光金彩寿字纹碗	11 清代·寿玉佩纹
04 清代·寿字瓷盘	08 清代·雍正青花莲花寿字纹碗	12 清代·寿字玉牌

清代寿字纹实例图片

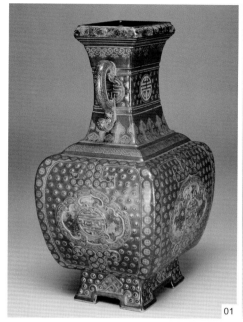

其他寿字纹实例图片

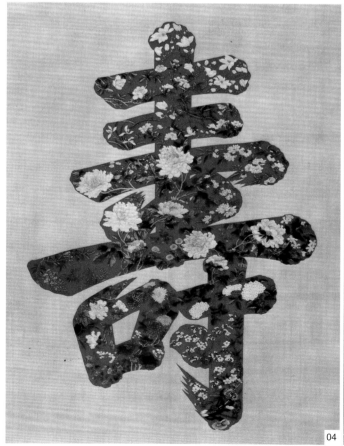

01　清代·乾隆年间古铜釉描金壽字方　　　05　玉寿字洗

02　清代·乾隆粉彩描金五蝠捧寿纹扁瓶

03　清代·青花万寿字瓶

04　刻丝大寿字轴

现代设计范例说明

01

02

01 衣柜门上中间装饰寿字纹，加上上下两排乳丁纹，中国元素尽显

02 宴会厅中的寿字纹装饰，墙面上的木雕寿字纹

和地毯上的寿字纹体现出吉祥象征意义

03 仿古家具上采用寿字纹铜装饰，很有中国民族特色

04 中式餐厅中的寿字纹窗，有中国古典园林圆窗饰的岁月，即有装饰作用又有透光功能

XIZI WEN

喜字纹

元素

元素盛行时期：明清

元素颜色：无限制

元素材质：木质、石刻、砂雕等

元素说明：

喻意：中国历代民俗习惯以及民俗文化总是围绕着"福禄寿喜"衍进，四者中，喜乃其中之精髓，有福则喜，有禄大喜，有寿更喜，三者齐全，天大欢喜。"喜"在其中，乐在其中矣，中国人最吉庆的民俗文化，数第一的该是"喜"文化。将这种吉祥符号运用于生活之中，表达人们美好的愿望。

元素运用原则：

将"喜"字加以图案化，施用于瓷器、布帛、家具、木雕等器物之上，作为装饰，寄寓美好寓意。

元素历史背景：

1. 先秦时期："喜"属于会意字，甲骨文的"喜"是上为"鼓"本字，下为"口"，"鼓"表示欢乐，"口"则指发出欢声。与其说它是一个汉字，还不如说它是一种吉祥图符，其也成为欢乐的象征。

2. 宋朝：据传说，宰相王安石年轻时上京考试后被人招婿，成婚时恰好有人来报，金榜题名、头名状元。王安石即以此喜上加喜，挥笔写字贴在门上，喜庆欢乐气氛顿时大增。从此人们纷纷仿效，沿用至今。喜字也就成为家喻户晓的喜庆吉祥的标志。喜文化内涵丰富。古今之人均有写喜字的习俗，古人更是在不少器皿上留下"喜"文化的内容。现在，许多人居家行商从政，都喜欢用一些喜庆的物件来庆贺。

3. 明代：明代的"喜"字，形式活泼，多与梅、莲花、蟠龙纹结合使用，其寓意为喜上眉梢，喜报多子。多用于罐、碗、玉佩、铜镜、镇纸。

4. 清代：清代的"喜"字多为多个喜字的用法，常与缠枝纹、勾连纹、忍冬纹一起出现，其寓意为双喜双福，好事成双，多使用在瓷器、首饰上、等贵重器物上。

元素在室内设计中的使用建议：

1. 客厅、餐厅、过道、卧室、书房等可使用图案化的"喜"字纹作为吊顶造型设计、墙面装饰造型设计、隔断装饰造型设计；也可选用带有"喜"字纹图案的家具、灯具、壁纸、布艺、装饰品配合运用；

2. 厨房、主次卫生间等可使用"喜"字纹作为瓷砖表面装饰图案，或选择表面装饰图案为"喜"字纹的橱柜、洁具用具。

3. 色彩：建议空间主色调采用唐代代表颜色组合金黄、贵妃红。

喜字纹基本形式

喜字纹演变形式

元素溯源

原始社会喜字纹实例图片

明代喜字纹实例图片

清代喜字纹实例图片

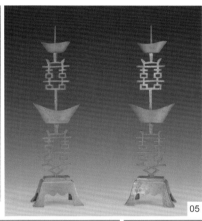

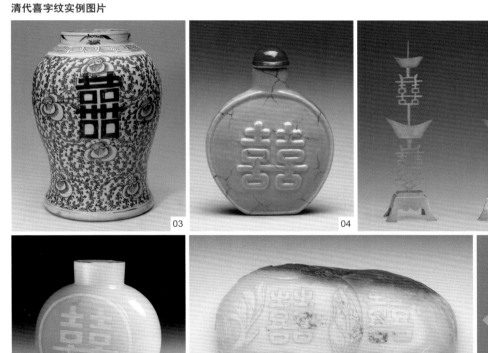

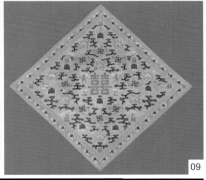

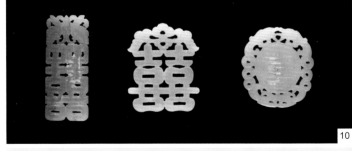

01 甲骨文"喜"字	05 清代·铜喜字腊台	09 清代·乾隆年间黄地云蝠纹喜字帔盖
02 明代·黄花梨螭龙喜字纹曲屏芯板透雕	06 清代·钱八喜八寿花钱	10 清代·双喜玉佩
03 清代·青花喜字纹将军罐	07 清代·白玉烟壶，双喜	11 清代·喜字玉佩
04 清代·釉上彩鼻烟壶	08 清代·玉双喜	

现代设计范例说明

01　宴会厅的主装饰墙用〝禧〞字装饰，突显出浓浓的喜庆氛围

WANZI WEN 卍

卍字纹

元素

元素盛行时期： 唐代

元素颜色： 无限制

元素材质： 木质、石刻、砂雕等

元素说明：

喻意：卍（wàn）字纹，是一个已有千年历史的纹样，具有很浓的宗教意味。"卍"字纹，散发着神秘的光彩，却也汇集着吉祥万古、功德长存的美意。在中国古代"卍"字符号还有象征太阳的蕴意。

元素运用原则：

构成上，可以单独使用，亦可作四方连续展开，形成连续的图案。

元素历史背景：

1. 原始社会时期：卍，本是一种原始符号，起源于亚洲中部和东部新石器时代彩陶文化时期，通常被认为是太阳或火的象征，也有的认为其形象是人类自身形态或骸骨形态，用来显示灵魂不死的祖先崇拜观念。现已知最早的"卍"字符出现于距今约9000年前的彭头山文化。在距今约7400年的湖南高庙文化的陶器上，河姆渡文化中发现了一个四鸟呈"卍"字形中心的陶盘。距今4800年左右的广东石峡文化，发现了"卍"字纹陶器；甘肃地区出土的"卍"字纹主要出现在马家窑文化马厂类型的陶器上，距今约4000年。

2. 夏商时期：北方草甸地区如内蒙古赤峰夏家店遗址，也常见有此类纹饰的陶器。

3. 秦汉时期：陶瓷器上的"卍"字纹较为少见。两汉之际，伴随佛教，"卍"字赋予了新的含义，中国佛界与信徒视其是具有吉祥和功德、附有神秘色彩的符号。

4. 南北朝及唐朝：魏晋南北朝以来，随着佛教的流传，"卍"字纹开始多起来。它被佛经诠译为"万"字。唐代玄奘法师将它定释译成"德"字，强调佛的功德无量。而后，女皇武则天又把它定为"万"字，意为集天下一切吉祥功德施于万物。并颁布法令规定"卍"字符号是太阳的象征。从唐德宗到晚唐流行过"卍"字镜。

5. 明清时期："卍"字纹又广为流行起来，"卍"四端作四方连续展开，形成连绵不断的锦文，俗称"万不断"或"万字不到头"，取长久不断之吉祥寓意。形式上作四方连续展开，形成连绵不断的锦文。这种连锁花纹常用来寓意绵长不断和万福万寿不断头之意，也叫"万寿锦"。

元素在室内设计中的使用建议：

1. 客厅、餐厅、过道、卧室、书房等可使用"卍"字纹作为吊顶造型设计、墙面造型设计、隔断造型设计；也可选用带有"卍"字纹图案的家具、灯具、壁纸、布艺、装饰品配合运用；

2. 厨房、主次卫生间等可使用"卍"字纹作为瓷砖拼花形式设计、瓷砖表面装饰图案选择、橱柜、洁具用具表面装饰图案选择；

3. 色彩：建议空间主色调采用唐代代表颜色组合金黄、贵妃红。

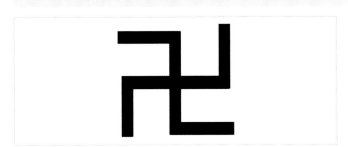

卍字纹基本形式

卍字纹演变形式

元素溯源

原始社会"卍"字纹实例图片

唐宋时期"卍"字纹实例图片

01 马厂类型鸟形"卍"字符纹罐	05 唐代·"太平万岁"万字纹铜镜（内蒙古博
02 马厂类型陶罐	物院"中国古代蒙古民族"草原天骄展厅）
03 新石器时代马家窑文化"卍"纹彩陶长颈壶	06 唐代·"卐"字纹永寿之镜铜镜
（1980 年在青海民和墓葬出土）	
04 马厂类型陶器上的"卍"字纹饰	

明清时期卍字纹实例图片

01　明代·铜鎏金释迦牟尼	06　清代·青玉双耳杯	11　明代·榉木拔步床（观复博物馆）
02　清代·青玉瓶	07　清代·剔犀漆盒	12　明代·榉木拔步床（观复博物馆）
03　清代·乾隆珐琅彩蓝紫地花蝶纹瓶	08　清代·青玉镂雕牌饰	13　清代·宫汉白玉雕万字纹锦地儿建筑构件细部
04　清代·青花六万瓶（台北私人藏品）	09　明代·黄花梨木带门围子架子床	14　元代·北海团城渎山大玉海
05　明代·仿宋铜镂卍字刻回纹带款长方香炉	10　明代·黄花梨木透格角柜	15　元代·妙应寺庭院景观

明清时期卍字纹实例图片

明清时期卍字纹实例图片

01　清代·湖色地正卍字纹织金缎

02　清代·金锦地玉堂宝贵地毯

03　清代·龙袍局部

04　"卍寿"折枝花卉纹改机花纹摹绘图

现代设计范例说明

01 茶楼中的卍字纹隔断
02 仿古卍字纹屏风

01 床头的卐字纹雕刻　　　　　　　03 卐字纹的隔断墙，加上灯光效果，很具有情调
02 室内设计中采用中国传统的卐字纹窗　04 卧室里的卐字隔断，增加空间的连续与通透性

01

02

03

04

西方

XIFANG
YUANSU
SHUOMINGSHU

元素说明书

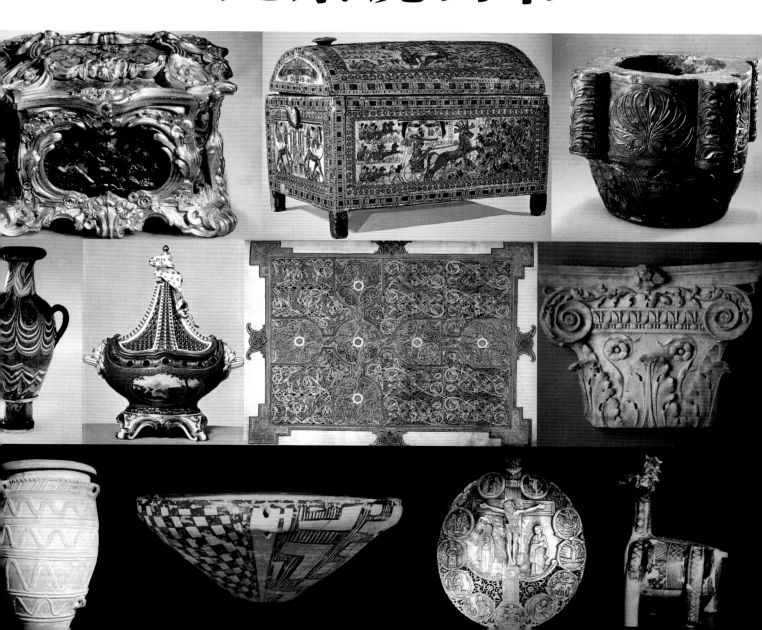

WO JUAN WEN

涡卷纹

元素

涡卷纹简介

涡卷纹饰的最经典形象，可以追溯到古希腊时期形成的象征女人优雅高贵的爱奥尼柱式，其柱头左右垂形似卷蔓，仿佛西方女子的卷曲头发。其实，涡卷形式的装饰图案在新石器时期就已经存在了，只是古希腊爱奥尼柱头上的这个形象可以说是涡卷纹饰最深入人心的形象，因此这里拿它来做涡卷纹饰的基本形了，在古希腊之后，涡卷纹饰也在不断发展变化，除在柱式上的形象外，它还演变成为"C"形、"S"形的涡卷形象，以及多种形式的组合图案，用以各种各样的装饰环境。

涡卷纹的基本形式提炼：

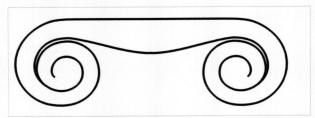

涡卷纹基本形式

涡卷纹的演变形式提炼：

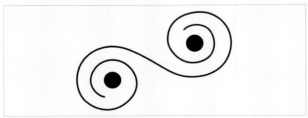

涡卷纹演变形式 01

涡卷纹演变形式 02

涡卷纹演变形式 03　　　　涡卷纹演变形式 04

涡卷纹组合形式 01 与棕榈纹

涡卷纹组合形式 02 与棕榈纹

涡卷纹组合形式 03 与棕榈纹

涡卷纹组合形式 04 与棕榈纹

涡卷纹历史发展演变概述：

在欧洲的艺术发展历史上，涡卷纹是个应用很普遍的装饰图案。

1. 西方的原始社会时期：一些器具上就有涡卷状的装饰出现，在早期的爱琴海文明时期，也有饰有涡卷纹的陶壶。

2. 古希腊时期：希腊古典建筑的三种柱式之一的爱奥尼克柱式起源于公元前 6 世纪中叶的爱奥尼亚，小亚细亚西南海岸和岛屿，上面住着说爱奥尼亚方言的希腊人。爱奥尼克柱通常竖在一个基座上，柱高是其直径的 8~9 倍，柱身有 24 条凹槽，柱头有一对向下的涡卷装饰，富有曲线美，外形比较纤细秀美，又被称为女人柱。正是由于其优雅高贵的气质，得以广泛出现在古希腊的大量建筑中，之后的各时期的建筑上都有所见，柱头的雕饰有所发展变化，但仍然是将涡卷作为主要的装饰部分。

同时，涡卷纹饰也在陶器、金银器、雕刻上面有所体现，虽然都是模仿其在建筑柱式上形象，但渐已成为了一种典型的装饰图案，并不断发展变化。

3. 古罗马时期：古罗马时期的设计艺术在很大程度上是吸收了希腊的经验。并借用了希腊的美学概念，舒展、精致和富有装饰，建筑和器物上也有涡卷纹的应用。

4. 中世纪时期：除建筑、用器外，在福音书等书籍的装帧上常常绘有涡卷纹作为装饰，其中哥特风格时期，座椅的扶手开始出现采用了 S 型的涡卷图案装饰的式样。

5. 文艺复兴时期：涡卷纹仍然大量使用，建筑柱式上，以及建筑扶壁都会经常出现涡卷的各种形式。

6. 巴洛克与洛可可风格时期：装饰艺术及其形式背离古典，向着奢华的艺术风格方向发展，涡卷纹亦是如此，其造型和色彩的装饰性极为强烈。涡卷装饰（特别是""形和""形涡卷装饰）与自然的枝状花样饰和弯曲波动的叶形饰一起为洛可可风格提供了基本的装饰要素，成为其核心装饰题材。

7. 新古典主义时期：重新重视古希腊和古罗马的建筑艺术，但同时又有一些巴洛克与洛可可风格的影响，是一个风格复杂的时期，因此，此时期的涡卷纹饰同时具有以往的不同时期的风格。

涡卷纹的设计应用建议：

运用原则：在装饰构图上，"S"形涡卷纹以左右对称分布构成图案的装饰形式居多，也可以单独使用作为局部的装饰；"C"形涡卷纹在柱式的柱头部位出现较多，通常水平放置，开口向下。此外，作为边饰也很常见，形式上有两两对称组合使用或以此为单位形成连续图案的，亦有单独使用装点局部的；还有"S"形和"C"形涡卷纹同时出现作为装饰花边的；同时，涡卷纹还可以与其他纹样组合，构成更加华美的组合纹样，如涡卷纹与棕榈纹的组合。

使用建议：

1. 空间：客厅、餐厅、过道、卧室、书房等可使用涡卷纹作为吊顶造型设计、墙面造型设计、隔断造型设计；也可选用带有涡卷纹图案的家具、灯具、壁纸、布艺、装饰品配合运用；

2. 厨房、主次卫生间等可使用涡卷纹作为瓷砖拼花形式设计；此外，涡卷纹还可以与其他纹样组合运用，如涡卷纹与棕榈纹组合。

3. 色彩：建议空间主色调采用古罗马时期的比较强烈、丰富的色彩，尤其是从泥土和矿物颜料中提取出来的红色、黑褐色和紫黑色，这也是这个历史时期豪华住宅中古罗马风格装饰的特征。

元素溯源

新石器时期和古埃及时期花涡卷纹

01

02

03

古希腊时期花涡卷纹

04

05

06

古罗马时期花涡卷纹

07

08

09

01　新石器时期·涡卷纹陶壶（基克拉迪斯群岛出土）·巴黎卢浮宫藏

02　新石器时代·陶器（基克拉迪斯群岛出土）·希腊雅典考古博物馆藏

03　新石器时代·女性陶像

04　古希腊·棺墓涡卷纹饰·意大利朱利来博物馆藏

05　古希腊·爱奥尼柱的一截

06　古希腊·陶器

07　古罗马·万花玻璃碗"光辉之杯"（意大利出土，1世纪前半期）·意大利罗马国立博物馆藏

08　古罗马时期·桌子支脚，上面雕刻有精美涡卷纹

09　古罗马·青铜墨水瓶的瓶盖·庞贝出土·那不勒斯国家考古博物馆

哥特风格时期花涡卷纹

文艺复兴时期花涡卷纹

巴洛克风格时期涡卷纹

01 中世纪·一幅绘画，上有一个马头涡卷身形象·法国孔德博物馆收藏	04 文艺复兴时期·贝壳式水壶	08 意大利·彼得大教堂·青铜华盖
02 哥特风格时期·围栏上铁艺·法国巴黎圣丹尼斯修道院	05 文艺复兴时期·意大利·劳伦先图书馆室内局部	09 法国巴黎卢浮宫·家具
03 哥特时期·法国巴黎·圣母院局部	06 文艺复兴时期·米开朗基罗作石雕《晨》	10 法国凡尔赛宫·科林斯柱局部
	07 文艺复兴时期·象牙权杖	

洛可可风格时期涡卷纹

新古典主义时期涡卷纹

01　洛可可风格时期·圣母升天雕像	05　洛可可风格时期·德国制有风景图案的瓷盘
02　洛可可风格时期·瓷器·法国	06　法国（18世纪）·洛可可式钟表
03　洛可可风格时期·德国麦森窑爱神之殿陶瓷	07　新古典时期·摄政式样书柜
04　洛可可风格时期·德国奥格斯堡扶手椅子	08　新古典时期·兽腿椅

现代设计范例说明

01 爱奥尼柱用以墙面装饰，涡卷也就成为了必要的元素　　02 将科林斯柱式平面化用作墙面装饰，涡卷纹清晰可见

01　夸张的涡卷造型成为茶几的支撑脚

01 室内地面上的 S 形涡卷纹装饰
02 洗漱台上以涡卷用作点缀装饰
03 门上的涡卷装饰
04 以 C 形、S 形的涡卷纹装饰的床品
05 烛台上的 S 形涡卷装饰
06 来源于爱奥尼柱柱头涡卷形式的沙发设计

BO ZHUANG YE XUAN ZHI WU WEN

波状叶旋植物纹

元素

波状叶旋植物纹的简介：

　　"波状叶旋植物纹"图案历来是一种较为常用的装饰题材，而且其形式富于变化，具有很强的装饰性。"波状叶旋植物纹"的主要构成形式是将植物茎蔓（茎蔓的式样有简单藤条形，也有复杂一些的藤与叶形）作连续的波浪形状，在波峰与波谷处装饰有叶片、花朵、果实等图案，就好似把匍匐前进的藤蔓植物平面化了，这种形式的植物纹样经常用作室内墙面、天花吊顶的装饰以及家具的面饰等。

　　西方古典的"波状叶旋植物纹"中，其主要用到的装饰植物有"莨苕"叶、葡萄叶、棕榈叶等，而其中"莨苕"以其生命力特别旺盛，象征重生、复活而被崇拜和敬仰，是最为常见的装饰植物；而葡萄等又通常被认为能够带来多产、丰收的幸福感觉。因此，西方的"波状叶旋植物纹"就被赋予了"生命绵延不断"、"再生与复活"的象征意义。

　　在形式上，可以看出，西方的这种"波状叶旋植物纹"与中国的唐草纹、缠枝纹有相似的地方。但是，相比较于中国的唐草纹，表现出来的流动的，非实指性的意象性特征的审美趣味而言，西方欧洲的这种缠绕形植物叶纹，无论是古希腊的"掌状叶纹"、"莨苕叶纹"等，还是到古罗马和中世纪时候的各种变化形式，大都以一种井然有序的等距排列的形式出现，构成一种和谐的合乎数字比例关系的美，一般比较重视表现对象的实指性内容。

波状叶旋植物纹的基本形式提炼：

波状叶旋植物纹基本形式

波状叶旋植物纹的演变形式提炼：

波状叶旋植物纹演变形式 01

波状叶旋植物纹演变形式 02

波状叶旋植物纹演变形式 03

波状叶旋植物纹演变形式 04

波状叶旋植物纹的历史发展演变概述：

1. **古希腊时期：** 主要的装饰植物是"茛苕"叶（"茛苕树"以其生命力特别旺盛，象征重生、复活而被崇拜和敬仰）和葡萄叶、棕榈叶、橄榄叶。建筑和陶器、家具上经常使用，陶器上以此作为环状边饰居多。

2. **古罗马时期：** 茛苕叶开的装饰是较为常见的，但较古希腊时期的又有变化，在建筑中常有"波状叶旋植物纹"的装饰图案雕刻，典型的即古罗马时期的五种柱式之一的科林斯柱式，其檐壁上就多以"波状叶旋植物纹"装饰，构成装饰带。这种波状的形式也有多种样式，最通常的样式则是以小天使或爱神的上半身形象做为起始，小天使或爱神的下身则变成叶子构成波状的装饰。

3. **中世纪时期：** 建筑的穹顶上常用植物纹作局部的装饰，家具上以及用器上都有植物的装饰的。雕刻装饰以植物装饰为主，选用的有枫叶、葡萄叶、水芹叶等，最常有三叶草（象征圣灵、圣父、圣子三位一体）、四叶草（象征四部福音）和五叶草（代表五使图书）。

4. **文艺复兴时期：** "波状叶旋植物纹"中装饰流行的有茛苕叶、花果叶饰等。装饰的范围也更广泛，在模式的处理上，比以往更显轻盈细腻。

5. **巴洛克和洛可可时期：** 植物纹饰开始变得繁复、夸张，体现出的是优雅、华贵的特征，不过加之此时期金碧辉煌的装饰效果，有时候这种繁复与夸张似乎给人更像是一种奢侈甚至奢靡的特征。棕榈树、橡皮树、桂树、橄榄树、花果等都是常用的题材。

6. **新古典主义时期：** 植物纹饰的应用随处可见，成为一种主流的装饰题材。室内设计中的镶板装饰、织物挂毯的图案、家具上的雕刻、各色工艺品上，随处可见"波状叶旋植物纹"的身影。

波状叶旋植物纹应用：

1. 空间：客厅、餐厅、过道、卧室、书房等可使用波状叶旋植物纹作为吊顶造型设计、墙面造型设计、隔断造型设计；也可选用带有波状叶旋植物纹图案的家具、灯具、壁纸、布艺、装饰品配合运用；

2. 厨房、主次卫生间等可使用波状叶旋植物纹作为瓷砖拼花形式设计；橱柜、洁具用具表面装饰图案选择。此外，还能将波状叶旋植物纹与其他纹样组合来做纹样造型设计。

3. 色彩：建议空间主色调采用巴洛克和洛可可时期使用较多的金色，富丽、明亮、奢华、对比强烈。

元素溯源

古希腊时期波状叶旋植物纹饰

古罗马时期波状叶旋植物纹饰

01　古希腊的涡轮耳陶瓶·塔兰托考古博物馆藏	05　古罗马·扶壁方柱局部 2
02　古罗马·镀金银盒（公元 4 世纪～公元 5 世纪）·大英博物馆收藏	06　法国卡雷神庙·壁面上细部（约公元前 15 年～公元前 12 年）
03　古罗马·浮雕植物纹陶钵（1 世纪）·伦敦出土	
04　古罗马·扶壁方柱局部 1	

中世纪的早期基督教与拜占廷时期波状叶旋植物纹饰

中世纪的哥特风格时期波状叶旋植物纹饰

文艺复兴时期波状叶旋植物纹饰

01	拜占廷风格·巴塞尔大教堂的祭坛，装饰有波状叶旋植物纹
02	拜占廷风格·马克西米安主教之座，意大利拉文纳（公元 6 世纪）
03	早期基督教时期·克拉西的阿波里奈教堂内

	部小室
04	哥特时期·圣路易诗篇的插画：亚伯拉罕、莎拉与三位陌生人·法国国家图书馆
05	哥特时期·铜制权杖头
06	文艺复兴时期·意大利圣乔治古堡婚礼堂壁画

07	文艺复兴时期·香博堡室内·法国
08	文艺复兴时期·意大利，瓷器上饰有波状叶旋植物纹
09	文艺复兴时期·英国白厅的国宴厅，屋顶上的波形缠绕植物纹饰

古希腊时期波状叶旋植物纹饰

新古典主义时期波状叶旋植物纹饰

01　洛可可风格时期·巴黎旺多姆广场圣雅姆府
　　邸大厅室内装饰（1775～1780 年）

02　洛可可风格时期·英格兰威尔特郡威尔特府
　　邸室内装饰（1648～1650 年）

03　洛可可风格时期·欧十七世纪炉上装饰（1684

～1685 年）

04　洛可可风格时期·彩绘花鸟纹陶瓶（17 世纪
　　中期）·巴黎卢浮宫博物馆藏

05　巴洛克时期·雕刻有波状叶旋植物纹的家具

06　洛可可风格时期·英国约克郡海伍德宫的室

内屋顶（约 18 世纪中后期）

07　新古典主义风格初期·意大利绘有风景图案
　　的瓷尊

08　路易十六式小圆桌

现代设计范例说明

01　欧式风格室内的墙面用波状叶旋植物纹的装饰品

01

01　欧式风格室内中的波状叶旋植物纹雕刻隔断（1）
02　欧式风格室内中的波状叶旋植物纹雕刻隔断（2）

03 现代欧式壁炉家具采用的波状叶旋植物纹装饰   纹样

04 范思哲 VANITAS ARMCHAIR WHITE 座椅布面材料绣有波状叶旋植物装饰   05 万科润园内部装饰

SAN YE CAO SHI ♧

三叶草饰

元素

三叶草饰的简介:

　　三叶草饰图案,最早被比喻为基督教的"三位一体"理论,中世纪的基督徒们,也将它视为幸运的象征,也因其蓬勃的生长能力,被视为生命力的象征,而在现代,则被人认为是幸运草。

三叶草饰基本形式的提炼:

三叶草基本形式

三叶草饰演变形式的提炼:

三叶草演变形式 01

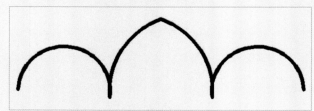

三叶草演变形式 02

三叶草演变形式 04

三叶草与十字花形组合

三叶草与植物纹样组合

三叶草饰的历史发展演变形式概述：

公元 5 世纪，基督教传教士圣帕垂克带着圣经和福音，带着宽恕和仁爱，来到了爱尔兰传教。那时的爱尔兰是个充满暴力、野蛮和残忍的异教国家，甚至连人祭都是普遍的现象。他用三叶草来比喻基督教著名的"三位一体"理论，即"父是神，子是神，圣灵是神，却非三神，乃是一神"。受他的影响，爱尔兰从野蛮走向文明。人们为纪念他，将他去逝的日子——每年的 3 月 17 号定为"圣帕垂克节"，他用来解释"三位一体"的三叶草则成为爱尔兰的象征。流传到现在，"圣帕垂克节"成为西欧及北美基督教徒的重要节日，这天，人们会以穿上绿色三叶草为装饰的衣服，集中游行、举办餐会、参加教堂活动。

三叶草从公元 5 世纪以后便被人们认为是一种幸运的象征，更被爱尔兰命为国花。哥特时期运用比较多，它的形状可以转化为尖拱的形式，深深地融入哥特风格中，是哥特时期不可缺少的一部分。常用在建筑装饰、门窗装饰、家具等装饰上，是哥特时期的典型装饰。

三叶草饰的设计运用建议：

运用原则：在哥特时期这种图案常用作建筑的门窗装饰，家具装饰等。除了单独使用外还有多方连续排列使用。

使用建议：

1. 空间：客厅、餐厅、过道、卧室、书房等可使用三叶草形作为吊顶造型设计、墙面造型设计、隔断造型设计；也可选用带有棕榈纹图案的家具、灯具、壁纸、布艺、装饰品配合运用；

2. 厨房、主次卫生间等可使用三叶草作为瓷砖拼花形式设计；橱柜、洁具用具表面装饰图案选择。此外，还能将三叶草与其他纹样组合来做纹样造型设计，如三叶草与十字花形组合、三叶草与植物纹样组合。

3. 色彩：建议空间主色调采用哥特时期富丽、明亮、变化丰富的色调，如鲜红、紫色、粉红、淡黄、各种绿色等色调鲜艳、对比强烈的颜色。

元素溯源

哥特风格时期花三叶草

01 意大利比萨洗礼堂的讲道坛上的雕刻.	04 哥特风格时期·德国建筑式的圣物箱（12世纪）
02 意大利阿西西圣方济教堂上层教堂湿壁画局部1（乔托画）	05 哥特风格时期·法国亚眠圣母院外部
03 意大利阿西西圣方济教堂上层教堂湿壁画局部2（乔托画）	06 哥特风格时期·法国亚眠圣母院亚眠圣经雕刻
	07 哥特风格时期·教堂顶部上三叶草饰

现代设计范例说明

01　国外别墅中的三叶草装饰的窗户

01

HUA BAN WEN SHI ♧
花瓣纹饰

元素

花瓣纹饰简介：

花，常象征着高贵、优雅、美好。作为一种纹样，花瓣纹饰便是自人类有装饰概念以来经常运用的植物装饰图案之一。在装饰形式上，花瓣纹饰的主要形状为从中心交点分成五瓣、六瓣、八瓣花叶，除此也有不定数的多瓣形状；既有抽象的花瓣样式，也有写实的花瓣花朵形式；有的是一朵两朵的花瓣，有的组成一圈花环，还有的和其他图案一同构成更复杂美丽的装饰。但不管怎样的形状图案或是装饰手法，都被描绘得十分自然生动，极富美感。

花瓣纹饰基本形式的提炼：

花瓣纹基本形式

花瓣纹饰演变形式的提炼：

花瓣纹演变形式 01

花瓣纹演变形式 02

花瓣纹演变形式 03

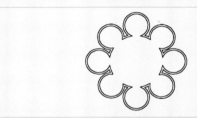
花瓣纹演变形式 04

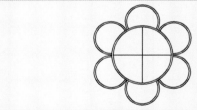
花瓣纹演变形式 05

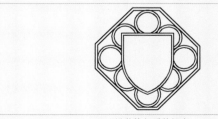
八瓣花饰与盾牌组合

十字花形、花瓣饰与三叶草组合

十字花形与花瓣饰组合

花瓣纹饰的历史发展演变概述：

1. **古埃及时期**：花瓣纹饰主要样式是"中间有圆心生发出花瓣的图案"，在生活用器、用品中经常运用，通常是相同花瓣的连续重复形成边饰或者连成一圈。

2. **古希腊和古罗马时期**：花瓣纹饰用在室内墙画中，增添室内美观程度，在陶器、金银器上面，花瓣纹饰也是较为常见的，一朵、几朵，甚或一串，用来点缀。

3. **中世纪时期**：随着基督教的发展，颇具特色的教堂建筑日益增多，尤其是哥特风格时期的教堂建筑，在设计中利用十字拱、飞券、修长的立柱以及新的框架结构，代替了罗马式的半圆形拱门，增加了支撑顶部的力量，无需用厚重的墙壁承重，墙壁变薄，使得人们可以在墙壁上开较大窗户，并对这些巨大的窗户做出漂亮的雕刻装饰，形成了独具特色的"玫瑰花窗"，而花瓣纹饰图案，就是这些"玫瑰花窗"中常见的一部分。哥特式建筑物上的许多花瓣纹饰为镂空雕刻，生动自然，具有现实主义风格。

除建筑上的花瓣纹饰别具一格外，应用在家具、工艺品等的装饰上，花瓣状的图案也是很多见的。

4. **文艺复兴时期**：以及后来的各风格时期，花瓣纹饰已经大量运用在各种环境和物品上了，而且，花瓣纹饰从平面到了立体，又多了写实风格，装饰效果不断加强，充满了动感和华丽的特征。

花瓣纹饰设计应用建议：

运用原则：

可单独使用或组合使用，一种组合是花瓣饰与其他形状组合；一种组合是不同瓣数的花瓣饰组合，偶数花瓣与偶数花瓣组合、偶数花瓣与奇数花瓣组合，主要应用在建筑的外观装饰和玫瑰窗玻璃的形状上，现在也应用于色彩明快的室内墙壁图案上。

使用建议：

1. **空间**：客厅、餐厅、过道、卧室、书房等可使用花瓣饰作为吊顶造型设计、墙面造型设计、隔断造型设计；也可选用带有花瓣饰图案的家具、灯具、壁纸、布艺、装饰品配合运用；

2. **厨房、主次卫生间**等可使用花瓣饰作为瓷砖拼花形式设计。此外，还能将花瓣饰与其他纹样组合来做纹样造型设计，如花瓣饰与盾牌组合、十字花形、花瓣饰与三叶草组合、十字花形与花瓣饰组合。

3. **色彩**：建议空间主色调采用哥特时期富丽、明亮、变化丰富的色调，如鲜红、紫色、粉红、淡黄、各种绿色等色调鲜艳、对比强烈的颜色。

元素溯源

古埃及时期花瓣纹饰

古希腊时期花瓣纹饰

01 古埃及·彩绘木箱	06 古希腊·希腊东方式双耳细颈瓶·巴黎卢浮宫藏
02 古埃及·公主金冠	07 古希腊·陶器·大都会博物馆藏
03 古埃及第18王朝时·头饰	08 古希腊早期·克诺索斯宫殿室内壁画
04 古埃及·黄金拖鞋（陪葬品）	
05 古埃及·木凳	

早期基督教与拜占廷时期花瓣纹饰

哥特风格时期花瓣纹饰　　　**文艺复兴时期花瓣纹饰**

01　拜占廷时期·意大利佛罗伦萨陶制圣母子像·	05　文艺复兴时期·意大利圣遗物箱（16 世纪）
巴尔杰罗博物馆藏	06　文艺复兴·彩绘浮雕寓言纹陶壶（16 世纪）
02　圣索菲亚大教堂内部	07　文艺复兴初期·意大利新圣母堂内部
03　哥特时期·圣餐杯	
04　哥特时期·教堂内镂空花瓣	

巴洛克风格时期花瓣纹饰

01

02

03

洛可可风格时期花瓣纹饰

04

05

06

07

08

01 巴洛克风格·意大利椅子上的装饰（17世纪）	04 洛可可风格时期·法国塞弗尔窑彩绘描金双	06 洛可可风格时期·德国陶瓷制品《喜剧人物》
02 巴洛克时期·釉陶王子像（1675年）·大英博	耳杯陶瓷（18世纪中期）	07 洛可可风格时期·法国饰盒（18世纪）
物馆收藏	05 洛可可风格时期·德国麦森窑彩绘双耳瓷罐	08 洛可可风格时期·英国瓷雕人物衣服上花瓣
03 法国先贤祠门柱上的雕刻装饰	（1719年）	纹饰（1758年）

现代设计范例说明

01　伊斯兰风格的室内装饰，极具特色，花瓣装饰纹样图案成为其中之一点缀元素

01

01 欧式家具上的花瓣装饰
02 国外别墅的建筑外墙上的古典花瓣装饰
03 国外别墅室内墙面上采用古典风格的花瓣装饰

SHI ZI HUA XING ♣

十字花形

元素

十字花形装饰简介：

    在中世纪晚期，基督教深入人心，人们热忱地信仰着上帝。十字架是基督教的标志，因此十字形在建筑、室内装饰、家具上的运用十分广泛，其中十字花形，是哥特时期的典型装饰纹样。

十字花形装饰基本形式提炼：

十字花形基本形式

十字花形装饰演变形式提炼：

十字花形演变形式 01

十字花形演变形式 02

十字花形演变形式 03

十字花形组合样式 01

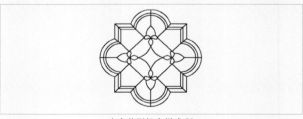

十字花形组合样式 02

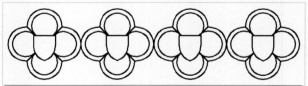

十字花形组合样式 03– 与盾牌组合

十字花形组合样式 04– 与花瓣组合

十字花形装饰历史发展演变概述：

　　哥特时期：在中世纪晚期，整个欧洲是基督教的世界，在基督教中，十字架主要是上帝与人和好的福音的象征，十字架是基督教的标志。十字架既代表基督本身，又代表基督教信仰。有"信仰"、"拯救"、"基督"、"福音"等象征意义。因此，在哥特时期，十字架形的运用十分广泛，在建筑上，教堂平面采用十字形。装饰上出现十字花形，常作为建筑雕刻、家具雕刻装饰、室内装饰图案，使十字花形成为哥特时期代表性装饰元素。十字花形，从交点分成四瓣状的装饰，因其本身犹如一个十字形花饰，又可以看作由四个圆形相交组成的。此类装饰图案在哥特建筑中又被称为四叶饰，是常用的装饰图案，主要做为一种装饰元素，常应用于基督教堂中，还可以作为雕刻以宗教故事为题材的图案。还可以用于拱卷中与三叶草、花瓣饰等图案搭配使用，并雕刻成镂空状态圆形。还可以变化为尖拱的形式，叶片形装饰图案非常灵活，既可以做窗棂，又可以做为脚线等装饰。

　　哥特时期后，十字花饰继续作为一种重要的装饰出现在建筑石刻、玻璃、家具雕刻、室内装饰上，并且呈现出更多丰富组合。

十字花形装饰设计应用建议：

　　运用原则：

　　可单独使用，也可组成二方或四方连续纹样使用。还可以与三叶草、花瓣饰等图案搭配使用。

　　使用建议：

　　1. 空间：客厅、餐厅、过道、卧室、书房等可使用十字花形作为吊顶造型设计、墙面造型设计、隔断造型设计；也可选用带有十字花形图案的家具、灯具、壁纸、布艺、装饰品配合运用；

　　2. 厨房、主次卫生间等可使用十字花形作为瓷砖拼花形式设计；橱柜、洁具用具表面装饰图案选择。此外，还能将十字花形与其他纹样组合来做纹样造型设计，如十字花形与盾牌组合、十字花形与花瓣饰组合。

　　3. 色彩：建议空间主色调采用哥特时期富丽、明亮、变化丰富的色调，如鲜红、紫色、粉红、淡黄、各种绿色等色调鲜艳、对比强烈的颜色。

元素溯源

早期基督教与拜占廷时期十字花形纹饰

哥特风格时期花十字花形纹饰

01 拜占廷·德国亨利二世的圣物容器	04 哥特·宝座圣母像（乔托画）·意大利乌菲兹美术馆	07 哥特风格时期·建筑上十字花（1）
02 拜占廷时期·意大利"天使报喜"和"基督受难"织物	05 哥特风格·圣餐杯底座镂刻十字花纹	08 哥特风格时期·建筑上十字花（2）
03 拜占廷时期·法国（6世纪）圣·阿维托斯神像·克罗地亚博物馆收藏	06 哥特风格时期·法国沙特尔大教堂唱诗席隔屏的一部分	09 哥特时期·比利时祭坛上的刺绣装饰（15世纪）·维也纳艺术史博物馆收藏
		10 哥特时期·门上的斜45度角的十字花

文艺复兴时期花十字花形纹饰

01

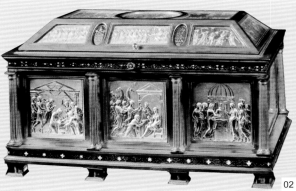

02

03

巴洛克风格时期十字花形纹饰

洛可可风格时期十字花形纹饰

04

05

01　文艺复兴·英国亨利三世的桌箱

02　文艺复兴·意大利水晶饰盒

03　文艺复兴早期·吉伯第作《以撒的祭祀》·意
　　大利巴吉罗博物馆

04　巴洛克风格时期·金盔（1612 年），俄国克

里姆林兵工厂制作

05　洛可可风格时期·荷兰德尔夫特窑彩绘陶塑
　　人物（18 世纪后半期）·阿姆斯特丹国立美术
　　馆藏·人物帽子上有十字花

现代设计范例说明

01

02

03

01　台灯支柱上的十字花形装饰　　　　　　　　03　现代欧式四柱床上沿以及床头柜的面板都采用十字花形用做装饰

02　国外别墅的室内天花上用十字花形的组合样式装饰　　04　印有十字花形的抱枕

ZONG LV WEN ♣
棕榈纹

元素

棕榈纹简介：

　　棕榈是胜利及生命力的象征。埃及神话里的生命之树与棕榈有关，棕榈遍布世界各地，被视作生命力的象征。在希腊古典时代里，棕榈叶是竞赛胜利的象征。挥舞棕榈叶，在欧洲和中亚是人尽皆知的欢欣鼓舞，庆祝胜利的方式。

棕榈纹演变形式 03

棕榈纹演变形式 04

棕榈纹基本形式提炼：

棕榈纹基本形式

棕榈纹演变形式 05

棕榈纹演变形式 06

棕榈纹演变形式提炼：

棕榈纹演变形式 01

棕榈纹与水波纹组合

棕榈纹与涡卷纹组合

棕榈纹演变形式 02

棕榈纹与涡卷纹组合 02

棕榈纹历史发展演变概述：

1. 古埃及时期：棕榈纹最先出现在古埃及神庙的柱头上，作为宗教建筑，神庙是古埃及人参拜神灵，举行宗教仪式的主要场所。细长的柱身与向上伸展的树叶将高大而挺拔的棕榈树形象地表现了出来。这种建筑风格对古希腊等都产生了巨大的影响。在发展演变中，棕榈纹从建筑上慢慢引用到家具，器具，壁画上等等。

古埃及时期出现的棕榈式柱式是模仿棕榈树的一种柱式，柱头用棕榈叶八片合成一个圆形，叶的下端绕着五道环带，柱身特别长，顶端有扁方顶板，下有柱础。同时，棕榈纹也出现在了壁画、浮雕、墙面天花板装饰上，以及生活器具之上，装饰形式主要是仿棕榈叶的棕榈纹。

2. 古希腊时期：受到古埃及的这种建筑风格影响，棕榈纹成为一种主要的植物装饰题材，建筑、陶器、服饰等都有所见。棕榈纹通常用在建筑雕刻，家具腿部，用器上和装饰作品上，其形式主要有开放散开的棕榈纹和饱满的棕榈纹。

3. 古罗马时期：棕榈纹发展的一大进步是被融入了天花板装饰中，其纹样依然如棕榈树叶子一样，没有很大的改变。

4. 中世纪拜占庭时期：棕榈纹亦没有发生太大的变化，到哥特风格时期，将最悠久的仿棕榈叶的棕榈纹和饱满的棕榈纹结合起来。

5. 文艺复兴时期及以后各风格时期：棕榈纹得到了很大的发展，出现了多种棕榈纹的糅合演变，发展成了多种新式的棕榈纹样。

棕榈纹设计应用建议：

运用原则：

棕榈纹最早出现在古埃及的柱头上，是一种模仿棕榈树的一种纹样。它一般是用于建筑上，如拱卷、柱子、檐角。在器具上能找到多种棕榈纹演变的形状：饱满的，散开的，或者是仿棕榈树的纹样。它也用于家具上（如桌腿）。此外，棕榈纹可以与其他纹样组合，成为多种美丽的复合式装饰纹样，如棕榈纹与涡卷纹的组合、棕榈纹与水波纹的组合、棕榈纹与荷花的组合。

使用建议：

1. 空间：客厅、餐厅、过道、卧室、书房等可使用棕榈纹作为吊顶造型设计、墙面造型设计、隔断造型设计；也可选用带有棕榈纹图案的家具、灯具、壁纸、布艺、装饰品配合运用；

2. 厨房、主次卫生间等可使用带有棕榈纹的瓷砖作为表面装饰图案选择；橱柜、洁具用具表面装饰图案选择；此外，棕榈纹还可以与其他纹样组合，如棕榈纹与涡卷纹的组合、棕榈纹与水波纹的组合、棕榈纹与荷花的组合等。

3. 色彩：建议空间主色调采用文艺复兴时期趋向于丰富的明朗自由的色彩风格，柔和、明亮的；深重、暗淡的；艳丽、饱和的色彩。

元素溯源

古埃及时期花棕榈纹

01

古希腊时期花棕榈纹

02

03

04

05

06

古罗马时期花棕榈纹

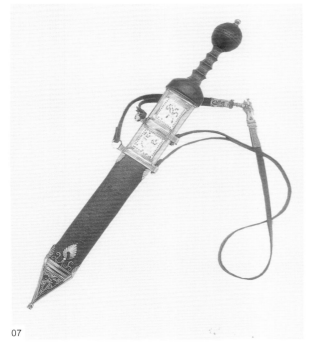

07

早期基督教与拜占廷时期棕榈纹

08

01　古埃及·用器	06　希腊和罗马·大都会博物馆美术全集
02　古希腊白彩陶瓶（约公元前440~公元前435年）	07　古罗马·古罗马军官佩带短剑（公元前1世纪）
03　古希腊，红绘式圣餐杯·纽约大都会博物馆	08　拜占廷时期·法国石酒杯（9世纪）·克罗
04　古希腊，黑绘式双耳壶·梵蒂冈博物馆	亚博物馆收藏
05　古希腊双耳陶壶	

哥特风格时期花棕榈纹

文艺复兴时期花棕榈纹

洛可可风格时期棕榈纹

01　哥特式橡木小橱柜

02　文艺复兴·《李维家的盛宴》维诺内些画·意大利威尼斯学院画廊

03　洛可可风格时期·法国塞弗尔窑彩绘人物纹盖罐（1763 年）

04　洛可可风格时期·法国里昂花草纹织物（18世纪）

现代设计范例说明

01　餐椅布艺上的棕榈纹
02　范思哲沙发，布艺上印有棕榈纹 – 细节

03　范思哲沙发，布艺上印有棕榈纹
04　床尾凳凳腿上的棕榈纹雕刻

YU LIN WEN

鱼鳞纹

元素

鱼鳞纹的简介：

鱼鳞纹从结构来说也可以看作是几何装饰纹样的一种，来自于鱼类的鳞片形象。西方的鱼鳞纹与中国的鱼鳞纹最大的不同是在赋予的意义上：鱼鳞纹很早就被我国人民作为各种器皿的装饰图案，借以喻意"富贵有余"、"连锦有余"、"鱼可化龙"、"鱼能多子"等等理想追求；而在西方，从古代埃及开始，鱼鳞纹代表的含义就是神的化身，被看成是灵魂再生的象征。

鱼鳞纹的基本形式提炼：

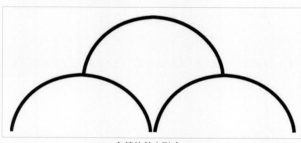

鱼鳞纹基本形式

鱼鳞纹的演变形式提炼：

鱼鳞纹演变形式 01

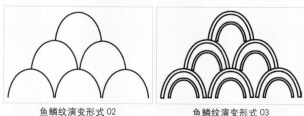

鱼鳞纹演变形式 02　　　　鱼鳞纹演变形式 03

鱼鳞纹的历史发展演变概述：

1. **古埃及时期**：西方鱼鳞纹来源于古代埃及人对鱼的感

情。从古王国开始，陵墓中也经常出现与鱼相关的画面，而且某些鱼与神灵有关 [波斯鱼象征奈斯（Neith）女神，摩尔象征奥西里斯（Osiris）]，古埃及人将这类鱼的身体（全部或部份）制成木乃伊装在鱼形棺中，装饰鱼形棺的图案色彩鲜艳，从构图上真实地描绘出鱼的身体结构以及表面的鱼鳞。此外，古埃及人还将鱼看成是灵魂再生的象征。

2. **古希腊时期与古罗马时期**：希腊与波斯之间有长达十年的战争，这期间出现了鱼鳞片制成的盔甲。在建筑装饰中，鱼鳞纹也是一种常见的装饰题材。

3. **早期基督教与拜占庭时期**：在教堂的拱廊上及家具上会有鱼鳞纹的装饰，并演变出了镂空形式的鱼鳞纹。

4. **哥特与文艺复兴时期**：教堂艺术建筑已经成熟，鱼鳞纹突出表现在教堂建筑的顶部装饰。

5. **巴洛克时期与洛可可时期**：比亚兹莱的绘画给鱼鳞纹赋予了渴望和幻想的意义，在雕塑和用器上应用广泛。

6. **新古典主义时期**：继承了前面时期的应用，并更加华丽和大胆。

鱼鳞纹设计应用建议：

运用原则：

鱼鳞纹一般不会单体出现，而是成群或一排或一列的出现。鱼鳞纹的纹样基本不变，演变到后期的形式只是在厚度上体现，或镂空或加一个边纹。

使用建议：

1. 空间：客厅、餐厅、过道、卧室、书房等可使用鱼鳞纹作为吊顶造型设计、墙面造型设计、隔断造型设计；也可选用带有鱼鳞纹图案的家具、灯具、壁纸、布艺、玻璃、装饰品配合运用；

2. 厨房、主次卫生间等可使用带有鱼鳞纹的瓷砖作为表面装饰图案选择；橱柜、洁具用具表面装饰图案选择；

3. 色彩：建议空间主色调采用新古典主义时期代表颜色组合庞贝红 (红褐色)、皇家黄。

元素溯源

古埃及时期鱼鳞纹饰

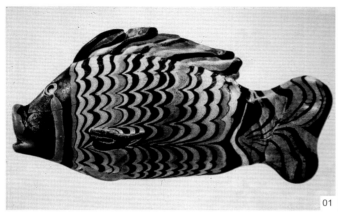

古罗马时期鱼鳞纹饰

早期基督教与拜占廷时期鱼鳞纹饰

01 古埃及·玻璃鱼形容器	05 古罗马时期的建筑装饰件·梵蒂冈博物馆藏
02 古埃及·双耳瓶	06 左罗马士兵
03 古埃及第 21 王朝·纸莎草上彩及上书铭文	07 拜占廷·圣凯萨琳教堂
上饰鱼鳞纹	08 拜占廷时期的金银香炉器·意大利威尼斯圣
04 古罗马·万神殿内部局部	马可教堂藏

哥特风格时期鱼鳞纹饰

文艺复兴时期鱼鳞纹饰

01

02

03

04

巴洛克风格时期鱼鳞纹饰

洛可可风格时期鱼鳞纹饰

新古典主义时期鱼鳞纹饰

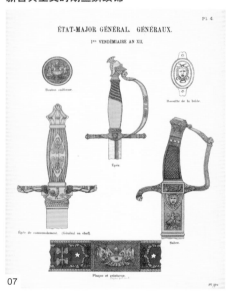

05

06

07

现代设计范例说明

08

09

01 哥特风格时期建筑形圣遗物箱·屋顶饰鱼鳞纹	物馆藏
02 哥特式·法国景泰蓝饰板（13世纪前半期）	05 贝尼尼雕塑中的鱼鳞纹
巴黎卢浮宫藏	06 洛可可风格时期·法国塞弗尔窑船型香壶
03 文艺复兴·米开朗基罗作石雕《暮》	（1761年）
04 西班牙扶手椅（16世纪）·丹麦工业艺术博	07 法国帝国时期佩剑（1690～1894年）

08 现代室内设计中鱼鳞纹做卧室的背景墙

09 现代室内设计中，顶棚运用鱼鳞纹装饰

01 德国罗滕堡街道的房顶整体运用红色鱼鳞纹瓦片
02 日本海报以鱼鳞纹作为设计元素

03 边缘饰以鱼鳞纹的餐盘

SHUI BO WEN

水波纹

元素

水波纹简介：

　　它最初的形状有点像涡卷，但不同的是它的卷角没涡卷大。后来演变出很多形式：一种是古埃及水波纹，它的形状像圆盘状、一种是加有水花的水波纹、一种是简单的波浪形水波纹、一种是连续的倒"S"形连成的水波纹、或者是叠加的波浪形水波纹。但有的时候它会是由树叶或者是植物缠绕的水波纹。

　　喻意：水是人类生存所必须的，没有水就没有生命，而人类也喜欢生活在水边，所以对水非常熟悉。从浩渺的湖泊到绵亘的江河都会有水波，因而水波给人类留下了深刻的印象。水给人的印象是生命、绵延、无穷无尽、以及对大自然的敬畏、崇拜。

水波纹基本形式提炼：

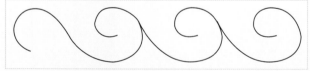

水波纹基本形式

水波纹演变形式提炼：

水波纹演变形式 01

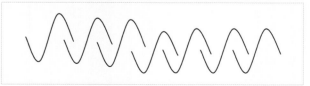

水波纹演变形式 02

水波纹演变形式 03

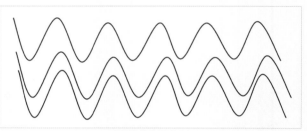

水波纹演变形式 04

水波纹组合形式－水波纹与折线纹组合

水波纹历史发展演变概述：

水波纹是欧洲艺术装饰上的一种传统装饰，它最早出现在距今 4000 多年的古埃及法老塞提一世皇家耳饰上。到古希腊时期它出现在建筑上，后来的各时期，建筑上都有出现。到了罗马时期，在瓷器，家具和室内装饰等上都有使用。

1. 古埃及时期： 出现在建筑上，一般都是用来装饰建筑的边角处以及装饰品上，其形状像连续圆盘。

2. 古希腊时期： 水波纹在建筑、服饰、家具、用器上都有装饰应用，一般是用来装饰建筑的边角，或装饰器具和家具的边沿，或用于器具表面，只是单纯的装饰作用。此时的水波纹有多种形式，如波浪形的水波纹、叠加的波浪形的水波纹、古埃及形式的水波纹、连续的倒"S"形水波纹。

3. 古罗马时期： 仍然是建筑、服饰、器具等上面的一种装饰纹样。一般是用在建筑的边角及柱梁上，还有就是服饰、器具的表面装饰。表现形式在延续以往的样式上，又变化出加有水花的波浪形水波纹、简单的波浪形水波纹等新的样式。

4. 中世纪时期： 水波纹用在建筑、器具上的形式有：叠加的波浪形水波纹、植物缠绕的水波纹，一般是用于拱门、用器边沿或表面的装饰。

5. 文艺复兴时期、巴洛克与洛可可风格时期： 经常用在建筑、装饰品等上面的水波纹形式有：植物缠绕的水波纹、简单的波浪形水波纹、连续的倒"S"形水波纹、植物缠绕的水波纹，一般用于建筑边沿、装饰品的表面装饰。

水波纹设计应用建议：

运用原则：

水波纹是用于建筑上的传统纹饰，一般是用于建筑的檐角装饰门的装饰和柱子装饰，也有的用于建筑的内部天花装饰和边角装饰，或者是过度处的装饰，后来它多出现在家具的边角装饰上。

使用建议：

1. 空间：客厅、餐厅、过道、卧室、书房等可使用水波纹作为吊顶造型设计、墙面造型设计、隔断造型设计；也可选用带有水波纹图案的家具、灯具、壁纸、布艺、装饰品配合运用；

2. 厨房、主次卫生间等可使用带有水波纹的瓷砖作为表面装饰图案选择；橱柜、洁具用具表面装饰图案选择；此外，还能将水波纹与其他纹样组合使用，如水波纹与折线纹组合。

3. 色彩：建议空间主色调采用古希腊时期纯红和纯白，饱和、明亮的黄色、蓝色、绿色和金色也很常见，总体来说纯度很高的色彩。

元素溯源

古埃及时期水波纹饰

古希腊时期水波纹饰

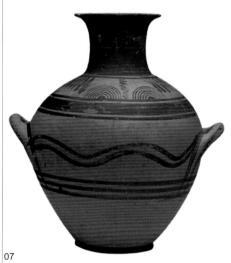

01　古埃及·长颈瓶·瓶颈处有水波纹	赫拉克利昂博物藏馆	10　古希腊的陶器
02　古埃及壁画	06　希腊士兵和将军	
03　古希腊·单耳玻璃罐	07　古希腊·几何纹陶瓮（公元前10世纪）	
04　古希腊克里特岛出土陶瓶·巴黎卢浮宫藏	08　古希腊·少女雕像，衣着是水波纹	
05　古希腊先期爱琴海文明时期的陶罐·克里特	09　古希腊玻璃器皿	

早期基督教与拜占廷时期水波纹饰

01

仿罗马风格时期水波纹饰

02

文艺复兴时期水波纹饰

03

巴洛克风格时期水波纹饰

04

01 拜占廷时期生活用陶碗，绘有水鸟与水波纹图案	04 法国凡尔赛宫内的路易十四时期家具
02 西班牙巴塞罗那的仿罗马式教堂壁画《耶稣像》·加特隆纳艺术博物馆	
03 文艺复兴时期·意大利绢绘·边饰水波纹	

现代设计范例说明

01

01 欧式风格室内地面上的水波纹石材装饰（1）
02 欧式风格室内地面上的水波纹石材装饰（2）
03 欧式家具腿部饰有连续的水波纹雕刻

02

03

GENG DAI TAO HUAN SHI

绠带套环饰

元素

绠带套环饰简介：

"绠字"作绳子之意，几条线按一定规律交叉排布，形成环的形式。"绠带套环饰"装饰图案，可以追溯到公元前2000年中叶凯尔特时期。一些人认为它源自一种古老的异教徒母题，用于保护人们免受恶毒之眼的毒害，复杂的图案使接近人身的魔鬼产生困惑，从而丧失邪恶的力量。

绠带套环饰演变形式 03

绠带套环饰基本形式提炼：

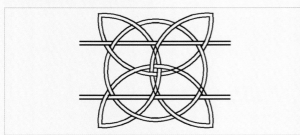

绠带套环饰基本形式

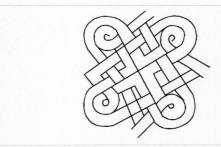

绠带套环饰演变形式 04

绠带套环饰演变形式提炼：

绠带套环饰演变形式 01

绠带套环饰组合形式 01

绠带套环饰演变形式 02

绠带套环饰组合形式 01 四方连续

缂带套环饰的历史发展演变概述：

有说法是凯尔特文明时期（凯尔特文明是欧洲古代文明之一，是与古希腊古罗马文明圈相对应和并存的，为公元前2000年活动在中欧的一些有着共同的文化和语言特质的有亲缘关系的民族的统称，起源于铁器时代的欧洲中部，但是渐渐被古罗马驱逐出自己的家园，最终在欧洲西部的边缘地带定居下来。他们以精湛的金属加工工艺而远近闻名。凯尔特人创了缂带套环装饰这种图案，但他们大多不是基督教徒，所以他们的作品很少出现象征性的母题元素。此后，基督教的艺术家们也开始借鉴这些凯尔特缂带套环饰图案，将其应用于宗教器物的装饰，修道士也会使用一些凯尔特缂带套环纹饰来装饰他们的福音书。在此基础上，人们又赋予这些缂带套环的装饰图案以更加生动的变化，并在此基础上掺入了其他元素，比如动物头型以及植物茎叶等，通过对形的拉伸等方法形成了一种更新颖的形式多变、表现丰富的缂带套环装饰图案，用于雕刻和装饰性的镶嵌画中。

1. 中世纪时期：教堂需要大量的艺术品作为装饰，于是雇佣了许多艺术家们进行绘画、雕塑以及创作各种图案来装点圣殿，从圣经墙面、祷告书到彩绘玻璃窗，从做礼拜的器皿到祭坛布，都能看到大量的缂带装饰纹。此间的缂带套环纹饰，有了新变化，就是由套环变为方形，虽然只是形态意义上的拉伸，但却形成了另一种风格图案。植物叶形的应用，再加上色彩的搭配，使图案更丰富多彩。

2. 文艺复兴时期：人们对古代世界的艺术形式十分关注。艺术家们在装饰图案中借鉴了古代建筑装饰中常用的纹样，缂带套环装饰被运用于建筑装饰上，工艺品上。16世纪俄罗斯的装饰图案，采用维京与凯尔特的魔法绳结。但做了些稍微的改进，例如点缀增加一些小型的花饰，产生了较以前更为精巧的效果。艺术家们采用文艺复兴时期的绘画工具，导致传统设计变得少了一些随意，而显得整齐统一。

缂带套环饰设计应用建议：

运用原则：

作为装饰图案，主要应用在图画上的背景，在室内多应用于壁纸上的图案，织物等。或者作为某种标志出现。可二方连续或四方连续。

使用建议：

1. 空间：客厅、餐厅、过道、卧室、书房等可使用缂带套环饰作为吊顶造型设计、墙面造型设计、隔断造型设计；也可选用带有缂带套环饰图案的家具、灯具、壁纸、布艺、装饰品配合运用；

2. 厨房、主次卫生间等可使用缂带套环饰作为瓷砖拼花形式设计；橱柜、洁具用具表面装饰图案选择。此外还能将缂带套环饰与其他纹样组合来做纹样造型设计。

3. 色彩：建议空间主色调采用文艺复兴时期趋向于丰富的明朗自由的色彩风格，柔和、明亮的；深重、暗淡的；艳丽、饱和的色彩。

元素溯源

凯尔特的缑带套环样式

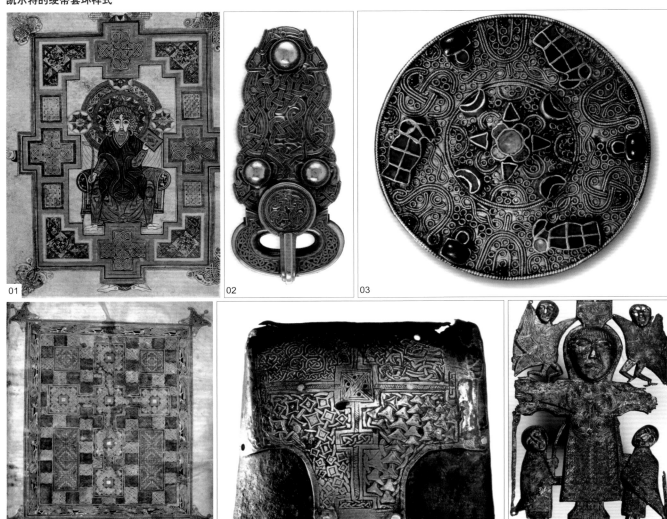

古罗马时期缑带套环饰

01	《凯尔斯福音书》插图·四使徒中的圣约翰形象	05	凯尔特金属制品
02	凯尔特黄金皮带扣	06	圣约翰受难像
03	凯尔特女士胸针装饰件	07	古罗马·希尼斯特别墅室内
04	凯尔圣卢 福音书的插页		

早期基督教与拜占廷时期缥带套环饰

01

02

03

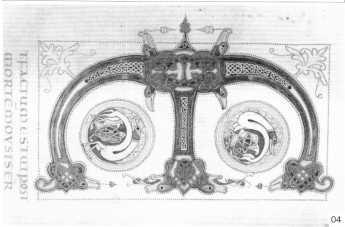

04

哥特风格时期缥带套环饰

05

06

07

文艺复兴时期缥带套环饰

08

01 拜占廷·班堡珠宝盒（960年～1020年）慕 尼黑贝移瑞斯科国家美术馆收藏	物馆藏 04 杜洛福音书字母装饰
02 拜占廷时期日耳曼人用品弧形扣（约公元7 世纪）·大英博物馆藏	05 哥特风格时期·英国·玻璃圣物窗口 06 威尼斯圣马可教堂上缥带套环装饰雕刻
03 拜占庭风格时期·林迪斯芳福音书·大英博	07 奥斯堡舟塚维京人的船上发现的木雕《兽

头》·挪威奥斯陆大学考古博物馆

08 文艺复兴·组合纹织物

现代设计范例说明

01 国外别墅天花雕刻有绶带套环用以装饰
02 变形的绶带套环装饰画
03 家具表面上的绶带套环装饰

LUAN SHI WEN

卵
饰
纹

元素

卵饰纹样简介：

卵饰纹代表"孕育着生命"，意味着"一个新的生命即将产生"，而新生命也带来了新的希望，因此卵饰纹样表达了人们对和平、美好生活的憧憬，以及对幸福、安定的渴望。

卵饰纹样基本形式的提炼：

古希腊卵饰基本形式

卵饰纹样演变形式的提炼：

古希腊卵饰演变形式 01

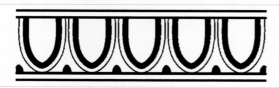

古希腊卵饰演变形式 02

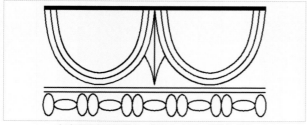

古希腊卵饰组合形式－卵饰与尖刀、橄榄饰组合

卵饰纹样历史发展演变概述：

大约在公元前 1200 年，多利亚人的入侵毁灭了麦锡尼文明，希腊历史进入所谓的"黑暗时代"。因为对这一时期的了解主要来自《荷马史诗》，所以又称"荷马时代"。在荷马时代末期，铁器得到推广，取代了青铜器；海上贸易也重新发达，新的城邦国家纷纷建立。公元前 5 世纪，经历了两次希波战争的古希腊人希望过上和平的生活，战争使人口大大减少，人们希望有大量的新生命的产生。因而他们在其用来祭祀的教堂建筑的柱式上，用喻意着新生命的卵纹装饰，来祈祷新生命的产生，以及对幸福、安定生活的渴望。

卵纹最初是由一个尖刀或箭形图案分开的一系列卵形装饰，后来演变为卵形的直接连串。古希腊古罗马时期，卵纹主要出现于建筑柱子的边角和器物的表面、边角装饰。卵饰纹样主要是运用于建筑的爱奥尼柱式上，但运用的方式和部位有所不同，大多是以带尖刀或箭形图案的形式和同时带有橄榄饰的形式出现。

此后，卵饰纹样所在装饰部位都没有发生很大的变化，主要用于建筑的柱式；室内的天花与墙面的交界装饰带；雕刻雕像底座的边沿；瓷器的的瓶口、底座或是表面装饰；画框的四边，形式大多为半个有内核的椭园排列而成。

卵饰纹样设计应用建议：

运用原则：

二方连续或四方连续，主要以三种形式出现：一是由一个尖刀或箭形图案分开的系列卵形出现，二是在第一种的基础上再加上橄榄饰装饰，三是以半个有内核的椭圆形式出现的简单的动物卵式的卵纹。

使用建议：

1. 空间：客厅、餐厅、过道、卧室、书房等可使用古希腊卵饰作为吊顶造型设计、墙面造型设计、隔断造型设计；也可选用带有古希腊卵饰图案的家具、灯具、壁纸、布艺、装饰品配合运用；

2. 厨房、主次卫生间等可使用古希腊卵饰作为瓷砖拼花形式设计、瓷砖表面装饰图案选择、橱柜、洁具用具表面装饰图案选择。此外，还可以运用古希腊卵饰与其他纹样的组合纹样来做造型纹样的设计，如卵饰与尖刀、橄榄饰组合。

3. 色彩：建议空间主色调采用古希腊时期纯红和纯白，饱和、明亮的黄色、金色也很常见，总体来说纯度较高的色彩。

元素溯源

古希腊时期古希腊卵饰

古罗马时期古希腊卵饰

仿罗马风格时期古希腊卵饰

01　古希腊·厄瑞忒翁神庙局部（公元前421～前406年）	04　画作中古希腊建筑上卵纹檐饰
02　阿提卡双耳喷口罐局部	05　古希腊石棺
03　古希腊·青铜镀金双耳瓮（公元前4世纪末）似卵饰纹	06　古希腊陶器皿·大英博物馆藏·沿口饰有卵纹
	07　古罗马·浮雕植物纹陶钵（1世纪）伦敦出土
	08　意大利比萨斜塔前的雕塑特写

巴洛克风格时期古希腊卵饰

01

02

可可风格时期古希腊卵饰

新古典主义时期古希腊卵饰

03

04

05

06

01　意大利巴洛尔艺术风格的镀金青铜圣柜
　　（17 ～ 18 世纪）·中部嵌蓝宝石的卵纹装饰

02　法国先贤祠穹顶

03　法国塞弗尔窑·彩绘描金双耳杯
　　（1765 年～ 1770 年）

04　彩绘椭圆形陶盘（18 世纪）（巴黎卢浮宫藏）

05　德国·彩绘风景瓷瓶

06　神话纹双耳瓶

现代设计范例说明

01 欧式家具上的雕刻有卵饰纹
02 卫生间浴池边沿上以卵纹饰装饰
03 卧室床头背景墙以卵纹作为边饰

01

02

03

XIN BAN WEN

心瓣纹

元素

心瓣纹饰简介：

心瓣纹饰是由短箭状隔开的水生花卉图案，因其主体叶饰部分酷似心瓣的形状，故得此名。心瓣纹饰寓意着"生命的萌芽和发展"。心瓣纹饰常用来做装饰带和线脚，常见于建筑，尤其是西方古典柱式的上面，连续成带状作为装饰。心瓣纹饰的整体造型与古希腊当时广泛运用的卵饰纹很相似，有一个明显的区别在于：卵饰纹的主体部分下端呈过渡圆滑的弧形，而心瓣纹饰的主体部分下端呈现出心尖一样的尖角形状。

心瓣纹饰的基本形式提炼：

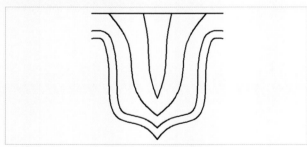

古希腊心瓣纹基本形式

心瓣纹饰的演变形式提炼：

古希腊心瓣纹演变形式 01

古希腊心瓣纹演变形式 02

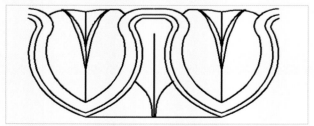

古希腊心瓣纹组合形式－心瓣饰与尖刀饰组合 01

古希腊心瓣纹组合形式
－心瓣饰与尖刀饰组合 02

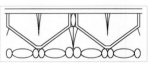

古希腊心瓣纹组合形式
－心瓣饰与橄榄饰组合 01

心瓣纹饰的历史发展演变概述：

希腊拉丁文化亦称"古典文化"，它与基督教文化称为欧洲文化的两大主流。它既发扬了亚非文化和爱琴文化，又开创了罗马文化的先声，这在对建筑的贡献上体现得尤其突出，更以古典柱式为典型。

古希腊时期形成的多立克、爱奥尼亚和科林斯三种柱式，经古罗马的广泛应用和不断改变，成为影响深远的建筑形式。在古希腊柱式上也出现了很多装饰纹样，如卵饰、心瓣纹饰、橄榄饰、棕叶饰、荷花饰等，这些纹样在当时不仅广泛运用在建筑上，还推及到当时的艺术、服装以及用器的装饰，对后世的装饰艺术也有很大的影响。其中心瓣纹饰的装饰方法、装饰部位等方面，在此后的年代中都没有发生很大的变化。建筑的柱式；雕刻底座的；工艺品器皿的的沿口、底座或是表面；服装上边饰；绘画、挂毯的边框。

心瓣纹饰设计应用建议：

运用原则：

心瓣纹饰主要运用于建筑柱头以及墙体雕塑的线脚装饰，且少量用于彩绘陶器上的条状装饰带和服装上的装饰带。主要以箭形分隔心型的系列图案出现。后来纹样经演变后也常用于建筑柱式上以及一些铁艺装饰和窗户装饰上。以多方连续的形式出现。

使用建议：

1. 空间：客厅、餐厅、过道、卧室、书房等可使用心瓣纹作为吊顶造型设计、墙面造型设计、隔断造型设计；做线脚或装饰带；也可选用带有心瓣纹图案的家具、灯具、壁纸、布艺、装饰品配合运用；

2. 厨房、主次卫生间等可使用心瓣纹作为瓷砖拼花形式设计、瓷砖表面装饰图案选择、橱柜、洁具用具表面装饰图案选择。此外，还能将心瓣纹与其他纹样组合来做纹样造型设计，例如心瓣纹与尖刀饰、心瓣纹与橄榄饰组合。

3. 色彩：建议空间主色调采用古希腊时期纯红和纯白，饱和、明亮的黄色、金色也很常见，总体来说纯度较高的色彩。

元素溯源

古埃及时期古希腊心瓣纹饰

01

古希腊时期古希腊心瓣纹饰

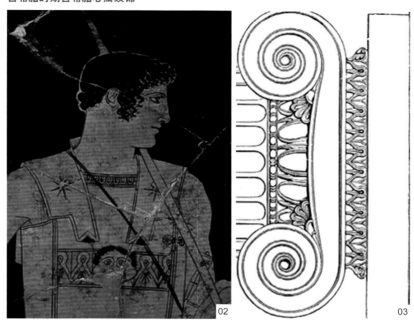

02

03

古罗马时期古希腊心瓣纹饰

04

05

06

07

洛可可风格时期古希腊心瓣纹饰

08

01　古埃及的羊形把手银罐

02　古希腊陶器上的彩绘图案阿喀琉斯·服装上心瓣纹装饰带

03　古希腊建筑爱奥尼柱柱头上的心瓣纹

04　古罗马时的柱头残迹·美国大都会博物馆藏品

05　古罗马时青铜护胫（庞贝出土 1 世纪后半期）那不勒斯国家考古博物馆收藏

06　古罗马的宫殿建筑雕刻·有多种装饰纹样

07　古罗马诸神大理石浮雕纹水缸·（底部具有心瓣纹饰的形状特点，并在每个心瓣中又结合了棕榈叶的装饰）

08　洛可可风格时期·希腊神话装饰的壁毯

现代设计范例说明

01　妆镜内边缘以心瓣纹装饰　　02　家具雕刻以心瓣装饰　　03　以心瓣纹装饰的画框

01

02

03

MEI GUI HUA CHUANG

玫瑰花窗

元素

玫瑰花窗饰简介：

这里所说的〝玫瑰花窗〞（the rose window 或 marigold window），特指为哥特式大教堂中的圆形玻璃窗——但在 17 世纪之前并无玫瑰窗的说法，这个名字可能来源于古代法语中的 roué（意为辐辏状的车轮），而非英语中的 rose。名词〝轮辐窗〞常常指的是一个窗户，被从中央的凸起或空心辐射出的一些辐辏分割的形态——那些经过高度繁复设计的像多瓣的玫瑰花一样的窗户造型，具有极其强烈、壮观和华丽的装饰效果，是中世纪哥特风格时期所特有的一种装饰艺术。

玫瑰花窗饰基本形式的提炼：

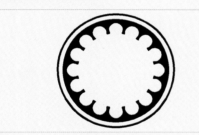

玫瑰窗饰基本形式

玫瑰花窗饰演变形式的提炼：

玫瑰窗饰演变形式 01 车轮式

玫瑰窗饰演变形式 02 玫瑰式

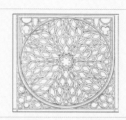

玫瑰窗饰演变形式 03 火焰式

玫瑰窗饰组合形式 01

玫瑰窗饰组合形式 02

玫瑰窗饰组合形式 03

玫瑰窗饰组合形式 04

玫瑰花窗饰历史发展演变概述：

有说法认为圆形的玫瑰花窗，象征圣母的纯洁，也有说法认为，玫瑰象征着弥赛亚，就是耶稣基督；圣经中玫瑰也代表古代的血液与女性崇拜。玫瑰花窗为哥特式教堂中彩色玻璃窗的一种，由于它的位置而成为装饰的重点，当阳光照耀时，会把教堂内部渲染得五彩缤纷、炫丽夺目。在玫瑰窗忽明忽暗，斑驳陆离的光影中，人们会仿佛有一种恍若隔世的感觉。

哥特式教堂的窗户开得都很大，几乎占满整个开间，从而成为了最适合做装饰的地方。当时的玻璃生产技术有限，只能生产出含有各种杂质的彩色玻璃，但这却恰恰为花窗的装饰提供了条件。受到拜占庭教堂的玻璃马赛克的启发，工匠们用彩色玻璃在整个窗子上镶嵌一幅幅的图画。具体做法是，"先用铁棍把窗子分成不大的格子，再用工字形截面的铅条在格子里盘成图画，彩色玻璃就镶在铅条之间。铅条柔软，便于把玻璃片嵌进工字形截面中去。13 世纪中叶以前，由于只会生产小块玻璃，所以分格小，整个大窗子色彩特别浑厚丰富，并且色调统一，花窗玻璃以红、蓝二色为主，蓝色象征天国，红色象征基督的鲜血。13 世纪之后，能够生产大块玻璃了，窗上的分格趋向疏阔，但大面积的色调统一就很难维持了，而且也就削弱了装饰性，削弱了同建筑的协调性"。

玫瑰花窗作为哥特式建筑最壮观的建筑装饰之一，其形式也历经变化：从车轮变成玫瑰花，再从玫瑰花变成火焰式。装饰风格已经随着曲线花窗格变得更为繁复华丽，这主要是英国透过贸易和十字军东征与东方接触频繁的结果，继而形成一种精彩多变的花样。

玫瑰花窗饰设计应用建议：

运用原则：

在哥特式建筑中，玫瑰花窗通常出现在一面墙的中央，一般以西面墙为主，出现形式以单个出现为主。玫瑰窗纹样通常是花瓣形、十字花形、三叶草形等其他形状的组合。

使用建议：

1. 空间：客厅、餐厅、过道、卧室、书房等可使用玫瑰窗形作为吊顶造型设计、墙面造型设计、隔断造型设计；也可选用带有玫瑰窗形图案的家具、灯具、壁纸、布艺、装饰品配合运用；

2. 厨房、主次卫生间等可使用玫瑰窗形作为瓷砖拼花形式设计；橱柜、洁具用具表面装饰图案选择。

3. 色彩：建议空间主色调采用哥特时期富丽、明亮、变化丰富的色调，如鲜红、紫色、粉红、淡黄、各种绿色等色调鲜艳、对比强烈的颜色。

元素溯源

哥特风格时期玫瑰花窗

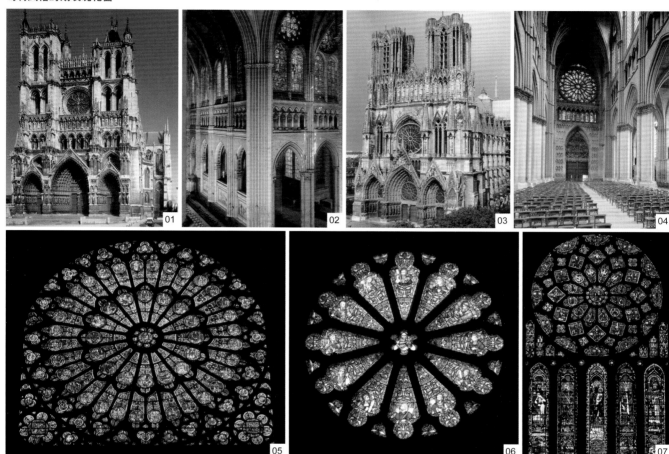

文艺复兴时期玫瑰花窗

01	法国亚眠主教堂外墙上的玫瑰花窗（1220—1410 年）	05 巴黎圣母院的玫瑰花窗样式特写
		06 教堂的玫瑰花窗样式特写
02	法国沙特尔教堂内景中的花窗户	07 法国沙特尔大教堂玫瑰花窗特写
03	法国兰斯大教堂外墙上的花窗（1252—1475 年）	08 文艺复兴时彩绘玻璃作品中的耶和华形象
04	法国兰斯大教堂内景	09 文艺复兴初期·意大利百花圣母教堂花窗外

01 法国亚眠主教堂外墙上的玫瑰花窗（1220—
　　1410 年）
02 法国沙特尔教堂内景中的花窗户
03 法国兰斯大教堂外墙上的花窗（1252—1475 年）
04 法国兰斯大教堂内景

05 巴黎圣母院的玫瑰花窗样式特写
06 教堂的玫瑰花窗样式特写
07 法国沙特尔大教堂玫瑰花窗特写
08 文艺复兴时彩绘玻璃作品中的耶和华形象
09 文艺复兴初期·意大利百花圣母教堂花窗外

观的花窗

现代设计范例说明

01 欧式风格室内装饰中以来源于教堂的玫瑰花窗做电视背景墙的装饰特写　　02 欧式风格室内装饰中以来源于教堂的玫瑰花窗做电视背景墙的装饰2

XI LA HUI WEN

希腊回纹

元素

希腊回纹简介：

　　西方艺术装饰纹样图案中也有"回形纹"，因为西方国家具有特定形象的回纹可以追溯到古希腊时期，并且在古希腊时期最为盛行，以至影响到后世，成为一种最为常见的几何装饰纹样图案，所以我们将西方的这种"回形纹"称之为"希腊回纹"。在此，"希腊回纹"便是借用中国的说法，但形式上却与中国的回纹装饰纹样有所不同：中国的回纹是由短横竖线环绕组成回字形，线条作方折形卷曲，并象征吉利富贵；而"希腊回纹"线条是一种由成直角转变的连续线条构成的纹样，它有一种优雅而隽永的气质，像是一根线，引着我们一步一步进入"回纹"迷宫，像是米洛斯王朝的迷宫，藏着无数的想象和故事，神秘而又温情。

希腊回纹的基本形式提炼：

希腊回纹基本形式

希腊回纹的演变形式提炼：

希腊回纹演变形式 01

希腊回纹演变形式 02

希腊回纹演变形式 03

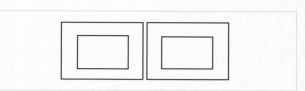

希腊回纹演变形式 04

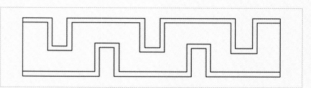

希腊回纹演变形式 05

组合形式 01－ 希腊回纹与卍字纹组合

希腊回纹装饰的历史发展演变概述：

1. **古希腊时期：** 古希腊的人们从自然现象中获得的灵感，整齐划一而又绵延丰富。古希腊时期，回纹多用在器物上面，到古罗马时期扩展到了壁画等方面，再到后来，应用范围进一步扩展，比如建筑内部、地毯图案、门以及家具、生活器具等等，都可以见到回纹的身影。古希腊的回纹装饰，其形式也是有多种，有最基本的回纹样式，也有与其他纹样组合在一起（最常见的是"卍"字）形成连续的装饰带。

2. **古罗马时期：** 回纹在绘画和壁画以及雕刻中，成为常用的边饰图案。比如正面两幅图例中，便都用了结合了"卍"字回纹装饰图案，用作边沿的装饰，使画面呈现有层次的分区。

3. **中世纪时期：** 由于建筑样式的发展，室内空间的装饰有了长足的进步，回纹的装饰也成为其室内常用装饰图案，在早期基督教与拜占庭时期这两个时期，回纹多以连续带状的形式出现在建筑中，哥特式时期，又出现了单体的回纹装饰形式。此外，在用器等工艺品上，回纹也是常见的装饰。

4. **文艺复兴时期、巴洛克与洛可可风格时期以及新古典主义时期：** 回纹装饰依然是常见装饰图案，几乎出现在任何可以装饰的地方，而式样上与古希腊时期的回纹是一脉相承的。

希腊回纹的设计应用建议：

运用原则：

中国的回纹构成单元呈方形，有单体间断排列的，有一正一反相连成对，俗称"对对回纹"，也有连续不断的带状形，还有和其他的纹样组合使用，比如卍字纹。希腊回纹有连续带状的，还有一种像中文的"回"字呈单体排列；还有组合的样式，如与"卍"字纹组合的样式。希腊回纹常用在用器、家具、壁画上。

使用建议：

1. 空间：客厅、餐厅、过道、卧室、书房等可使用希腊回纹作为吊顶造型设计、墙面造型设计、隔断造型设计；也可选用带有希腊回纹图案的家具、灯具、壁纸、布艺、装饰品配合运用；

2. 厨房、主次卫生间等可使用希腊回纹作为瓷砖拼花形式设计、瓷砖表面装饰图案选择、橱柜、洁具用具表面装饰图案选择；此外还可以将回纹与其他纹样组合使用，如回纹与"卍"字纹组合。

3. 色彩：建议空间主色调采用古希腊时期纯红和纯白，饱和、明亮的黄色、蓝色、绿色和金色也很常见，总体来说纯度较高的色彩。

元素溯源

古希腊时期希腊回纹

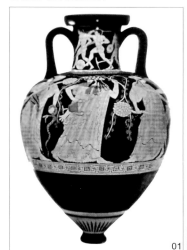

古罗马时期希腊回纹

01	古希腊"雅典娜和赫拉克勒斯"双耳瓶	04	古希腊双耳陶瓶•巴黎卢浮宫藏	09	古罗马陶制赛车图板
	（红纹式•公元前 5 世纪初）	05	古希腊《醉酒少年与少女》（约公元前 480 年）		
02	古希腊•黑纹式双耳陶罐（公元前 6	06	古希腊的象牙雕刻装饰板•人物衣服上的回纹		
	世纪后期）	07	古希腊陶器彩绘上的回纹		
03	古希腊•几何双耳陶瓮（公元前 8 世纪）	08	古罗马时期的壁画		

早期基督教与拜占廷时期希腊回纹

01

02

03

哥特风格时期希腊回纹

文艺复兴时期希腊回纹

04

05

06

巴洛克风格时期希腊回纹

07

01　拜占廷・圣维托教堂・唱诗班内圆拱 　　　　　05　文艺复兴《圣礼的辩论》・拉斐尔画

02　拜占廷・圣维托教堂・唱诗班内圆拱上的回　　06　文艺复兴时期・绢绘
　　纹特写 　　　　　　　　　　　　　　　　　07　荷兰・德尔夫特窑・花鸟纹青花陶盘，(1675 年)

03　拜占庭时期・意大利拉韦纳・圣达维尔教堂

04　哥特风格牙雕袖珍礼拜坛 (14 世纪)

洛可可风格时期希腊回纹

新古典主义时期希腊回纹

01 冬宫·亚历山大内室·地毯上的回纹
02 冬宫·战争画廊第二画廊室内
03 法国塞弗尔窑瓷瓶
04 英国·蓝地贴花神话纹瓶（1780年）·希腊
　　回纹与卍字组合

现代设计范例说明

01　电视柜正面用大大的希腊回纹演变形式来装饰　　　　02　室内游泳池的墙面采用了基本的希腊回纹来作装饰

01 希腊回纹的项链
02 范思哲品牌家具及产品
03 范思哲品牌的希腊回纹标志
04 范思哲茶具设计，希腊回纹成为其统一的装饰元素
05 范思哲品牌的希腊回纹标志，希腊回纹成为其品牌特色的装饰纹样
06/07 现代欧式古典家具中的希腊回纹装饰

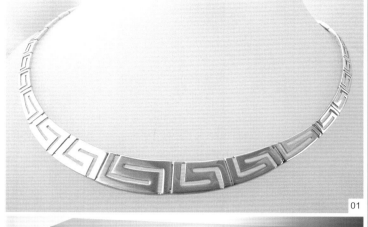

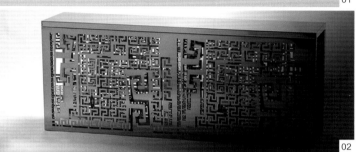

ZHE XIAN WEN \/\/\

折线纹

元素

折线纹简介：

　　折线纹样以单体折线为基本元素，折线的粗细，角度的不同可呈现多种形式．出现形式一般是独立纹样，两方连续。依照不同幅度的跨度与方向的不同，可以有不同的形式。折现的反复转折表现了一种自然的节奏变化，富有自然的美感，也具有一种形式变化。

折线纹基本形式提炼：

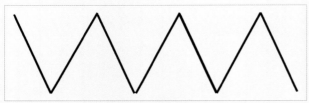

折线纹基本形式

折线纹演变形式提炼：

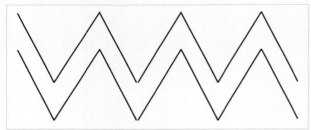

折线纹演变形式形式 01

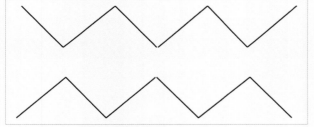

折线纹演变形式形式 02

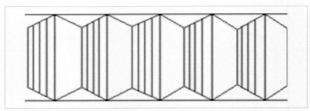

折线纹演变形式形式 03

折线纹演变形式形式 04

折线纹演变形式形式 05

折线纹演变形式形式 06

折线纹与棕榈纹组合

折线纹装饰的历史发展演变概述：

折线纹作为一种几何纹样，在欧洲的新石器时代，就已经大量出现了。在欧洲大陆的考古发掘中，发现大量新石器时代的陶器，就其造型、装饰、色彩而言，已经具有了很高的艺术成就。在发掘出的这些陶器中，几何纹样的装饰题材是较多的：直线的、曲线的以及组合式的都有见到，其中折线纹便是常见的一种，而且具有多种变化。

1. **新石器时期：**折线纹的装饰多绘制在陶器的边沿、瓶身处。

2. **古代埃及时期：**折线纹的装饰范围已不仅仅局限在器皿上，在建筑装饰雕刻、服装首饰等都有运用。作为装饰，此时的折线纹，常常是以较短的一段折线为一个单元排列出现。

3. **古希腊与古罗马时期：**折线纹的装饰手法形式亦有了变化，经常用在各类生活用品器皿之上；或在用品的沿口，或在用品的身上，为连续成环绕带状的装饰形式，并且装饰的构成样式也变得灵活多变，既有单排的连续折线装饰，也有双排甚至多排的连续折线装饰；有纵横交错的组合形式，也有疏密相间的组合形式。

4. **早期基督教与拜占廷时期：**除在建筑的装饰应用之外，折线纹在服装上出现，并与其他装饰图案纹样一起搭配，或为边饰或为主体，从而摆脱了单一的形象，在装饰效果上变得更加丰富。

5. **仿罗马风格时期与哥特风格时期：**折线纹在建筑上的应用丰富起来，比如仿罗马风格时期，最具代表性的英国罗曼艺术风格中，折线形线脚装饰就是建筑上经常使用的，而且会根据线条的粗细，折线的角度大小和雕刻深浅的不同而呈现多种效果，此时的折线已经从平面走向到了立体，因此视觉上更显得错落有致，另外在折线中往往还设置有其他各种纹饰，组合之后就有了复杂华丽、气势壮观的装饰感觉。

6. **文艺复兴时期以及后来的巴洛克、洛可可、新古典风格时期：**折线纹的应用范围越来越广泛，建筑、工艺品、服装、家具等都有应用，形式也多种多样，既有单独的折线装饰，也有折线纹与其他纹样的组合装饰。装饰形式上也沿袭了以往的构成方法。

折线纹的设计应用建议：

运用原则：

在建筑物顶部、天花板、拱顶、厅堂、窗户；在用器边沿、底部、四周；在服饰边角、对襟等地方运用折线，依靠生动的折线营造一种动感。折线纹可以是单条折线运用；也可以几条折线平移成组运用；还可以同其他的纹样组合运用，如折线与棕榈纹的组合运用等。

使用建议：

1. 空间：客厅、餐厅、过道、卧室、书房等可使用折线纹作为吊顶造型设计、墙面造型设计、隔断造型设计；也可选用带有折线纹图案的家具、灯具、壁纸、布艺、装饰品配合运用；

2. 厨房、主次卫生间等可使用带有折线纹的瓷砖作为表面装饰图案选择；橱柜、洁具用具表面装饰图案选择；此外折线纹还可以与其他的纹样组合运用，如与棕榈纹的组合使用。

元素溯源

新石器时期与古埃及折线纹

01

02

03

04

古希腊时期折线纹

05

06

07

古罗马时期折线纹

08

09

01 新石器时代的彩绘宽口陶瓶	04 古埃及的彩釉陶器·刻有折线	09 古罗马时期青铜器·维拉朱立来博物馆收藏
02 基克拉迪斯出土的陶盘（希腊雅典考古博物馆藏）	05 古希腊·迪皮隆陶瓶·纽约大都会博物馆	
03 古埃及的碗·在碗的中央装饰图案中以折线纹装饰·大英博物馆藏品	06 古希腊·四马盖罐（公元前8世纪）	
	07 古希腊克里特时期的大型陶器	
	08 古罗马时期的瓷砖镶嵌画	

早期基督教与拜占廷时期折线纹

仿罗马风格时期折线纹

哥特风格时期折线纹

文艺复兴时期折线纹

01　英国达勒姆教堂·柱上折线纹

02　俄罗斯·瓦西里大教堂

03　象牙号角

04　拜占廷时期宫女·皇后和公主服饰图

05　仿罗马风格时期圣约翰教堂室内拱券·有折

　　线纹雕刻

06　仿罗马风格时期英国牛津伊芙莱圣玛丽教堂局
　　部·折线纹的装饰呈现出立体效果

07　仿罗马风格时期英国牛津伊芙莱圣玛丽教
　　堂局部·折线纹的装饰呈现出立体效果

08　维也纳圣史蒂芬教堂局部

09　文艺复兴·意大利·马略卡式陶药罐（16 世
　　纪）

10　文艺复兴时期（15 世纪时）的服装·裙上折
　　线纹装饰图案

巴洛克与洛可可风格时期折线纹

01
02
03

现代设计范例说明

04

01	巴洛克风格时期·奥地利维也纳·陶瓷容器
	（1725 年）
02	洛可可时期的女装
03	新古典时期家具
04	娱乐会所大堂中的饰有折线纹的柱子

01 园林景观设计中将其做成了折线形式　　　　　　　　03 家具的面板边缘刻有折线纹

02 现代座椅布面装饰上采用了折线纹装饰

LING GE WEN ◇

菱格纹

元素

菱格纹简介：

    中国和西方国家的装饰纹样中都出现了菱形的纹样，由于菱形在西方国家常以多方连续的方式出现，似格状，故称为"菱格纹"。

    中国的菱形纹起源于鱼图腾的图案，由于先民们对自然界中对称现象的认识，鱼图腾逐渐演变为几何的菱形纹，表达的是一种对美的追求。而西方国家的菱格纹则是以四角为基调的菱形几何图形，按不同的组合方式组合成各种演变形式。因为它本身具备一种尊贵优雅的气质，所以它的边角无论怎么变化都是一种经典恒久的图形象征，而且还具有时代意义，英皇乔治二世就视菱格纹为贵族象徵。

菱格纹的基本形式提炼：

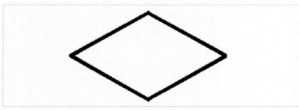

菱格纹基本形式

菱格纹的演变形式提炼：

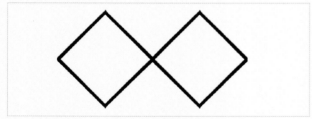

菱格纹演变形式 01

菱格纹演变形式 02

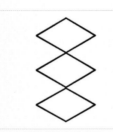

菱格纹演变形式 03

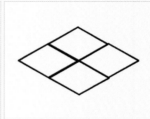

菱格纹演变形式 04

菱格纹演变形式 05

菱格纹演变形式 06

菱格纹演变形式 07

组合形式 01 菱格纹与折线纹组合

组合形式 02 菱格纹与十字花组合

菱格纹装饰的历史发展演变概述：

菱格纹纹理从早期开始即运用二方或四方的连续，从而具有很好的装饰性。在历史发展过程中这种规律几乎没有什么变化，只是偶尔会有单独的菱格图案装饰，所以人们把它用在柱子、窗户、墙及地面上，但是存在的形式多种多样，包括雕刻、绘画、手工编织等。从古埃及到新古典主义时期，在建筑结构、室内装饰、生活用器中作为装饰图案得到广泛运用。

1. **新石器时期**：从发掘出土的文物上看出，在新石器时期，菱格纹便是用作装饰的常见的几何图案之一了。

2. **古埃及时期**：菱格纹在作为装饰图案运用在建筑物的局部，同时由一些文物也可看出在服装、生活用品的装饰上，菱格纹也是比较常用的装饰。

3. **古希腊时期、古罗马时期**：菱格纹可以在神庙窗户上得到发展，在生活用器中也会运用菱格纹作为装饰，如将菱格一字排开连接形成菱格装饰带，是生活用器中可以见到的装饰手法。

4. **中世纪的早期基督教与拜占庭时期**：菱格纹主要在建筑物外部、室内穹顶和基本构架以及用器、服饰中使用。到仿罗马风格时期、哥特时期，出现有"单独使用的菱格纹"、或"单个菱格与其他图案组合成为一组"类似这样的装饰方式，这些常在建筑物外部结构、窗户顶部、室内顶棚、侧壁上得到体现。

5. **文艺复兴时期**：菱格纹在建筑物外部装饰、顶部结构、门以及生活用器上运用；家具方面仅仅是局部的一点点的小菱格纹方块，除此之外还有小果实叶脉、神兽头像等。

6. **巴洛克与洛可可时期**：这些时期菱格纹主要在墙壁，家具，生活用器，服饰上的运用。

7. **新古典主义时期**：这时期菱格纹在窗格，建筑物外部顶棚和家具上都有体现。

菱格纹的设计应用建议：

运用原则：

中国的装饰纹样整体构图中，菱形纹有作中心纹样的，也有作边栏纹样的；有作母体纹样的，也有作补白纹样的；其主要造型为两头稍扁，中间较宽，并沿中轴对称。运用在服饰、锦、家具、用器表面装饰。而西方菱格纹常以单个、二方连续或多方连续的形式出现，如运用在建筑物顶部、墙壁、柱子、窗户顶部、窗棂或直接作为窗格，以及室内装饰画中；也用于用器的底部、边沿，服饰的装饰中。菱格纹还可以与其他纹样组合运用，如菱格纹与折线纹的组合样、菱格纹与十字花形的组合样式，形式更丰富更美观。

使用建议：

1. 空间：客厅、餐厅、过道、卧室、书房等可使用菱格纹作为吊顶造型设计、墙面造型设计、隔断造型设计；也可选用带有菱格纹图案的家具、灯具、壁纸、布艺、装饰品配合运用；

2. 厨房、主次卫生间等可使用菱格纹作为瓷砖拼花形式设计、瓷砖表面装饰图案选择、橱柜、洁具用具表面装饰图案选择；还可以与其他纹样组合运用，如菱格纹与折线纹的组合样、菱格纹与十字花形的组合样式等。

3. 色彩：建议空间主色调采用拜占庭时期代表性颜色组合皇家黄、蓝紫色。

元素溯源

新石器时期和古埃及时期菱格纹

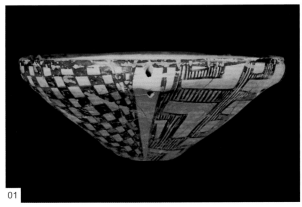

古希腊时期菱格纹

早期基督教与拜占廷时期菱格纹

01　新石器时代·彩陶盆·希腊出土	06　古希腊陶器·几何纹
02　古埃及第十一王朝·运贡物的女郎	07　拜占庭·挂饰
03　古埃及·鳄鱼纹彩陶钵	08　拜占庭时期·俄罗斯圣索菲亚教堂·屋顶上
04　古希腊·鹿形陶酒壶（公元前10世纪后半期）	有菱格纹装饰
05　古希腊时期化妆用赤陶罐	

仿罗马风格时期菱格纹

哥特风格时期菱格纹

文艺复兴时期菱格纹

巴洛克风格时期菱格纹

01　仿罗马·意大利萨比主教堂	04　文艺复兴画作·《使节》小霍尔班 (1497～1543)
02　意大利阿西西圣方济教堂上层教堂内乔托画	家具上有菱格纹·英国国家画廊藏
的湿壁画	05　文艺复兴·意大利乌尔比诺大公的书房和家具
03　文艺复兴·法国枫丹白露宫室内	

洛可可风格时期菱格纹

03

04

05

06

新古典主义时期菱格纹

07

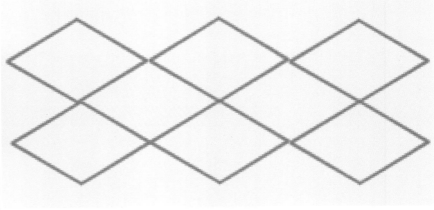

现代设计范例说明

08

09

01 《路易十四加冕式》（局部）显示衣服上的菱格纹	04 洛可可风格时期·法国里昂·花和缎带丝带（路易十五时代·1760年~1770年）	07 木制衣橱·新古典时期
02 巴洛克风格时期·象牙箱饰（1600年）大英博物馆收藏	05 洛可可风格时期·英国蓝地描金花鸟纹瓷器	08 欧式风格室内中，变化的菱格纹成为主要元素，用于背景墙和隔断
03 洛可可风格·法国船形壶瓷器（18世纪）	06 荷兰德尔夫特窑·陶塑小提琴（1720年）·阿姆斯特丹国立美术馆	09 欧式风格室内中，变化的菱格纹成为主要元素，用于背景墙和隔断

现代设计范例说明

01　欧式风格室内中的功能性的菱格装饰，用以摆放红酒

02　欧洲现代板式家具中的菱格纹装饰

03　欧式风格室内中的功能性的菱格装饰，用以摆放红酒－特写

04　欧式家具柜门印有菱格装饰

01

02

03

04

CHI WEN

齿
纹

元素

齿纹的简介：

齿纹是由牙齿的形式作方折形变化而得到的一种装饰纹样，到后来又发展出圆拱形齿纹的装饰样式。齿纹是一种直接取材于大自然的几何形纹饰，表现出的是一种有秩序的、连续的、自然的形式美感。

齿纹基本形式提炼：

菱格纹基本形式

齿纹演变形式提炼：

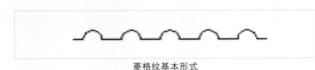

菱格纹基本形式

齿纹装饰的历史发展演变概述：

1. 古埃及时期：古埃及人在史前的游牧时期就已开始创作岩画。进入农耕阶段后，他们用画笔点缀各式各样的石器、陶器。到了王朝前夜，埃及艺术法则的一些特征初露端倪。在这时期，出现了齿纹，并且很快被应用到建筑、家具及壁画上面。

2. 古希腊时期：建筑边缘的形式大多都是成立体结构形。在这时期它经过了简单的变形用在了用器上，如陶器上的装饰图案。

3. 古罗马、早期基督教与拜占庭时期及后来的罗马、哥特式时期：在这些时期齿纹在建筑上的应用得到了最大程度的应用，比如门拱上面、教堂顶部等。古罗马时期，出现在建筑、器具上一般是用在建筑的顶部及边角，以及器具的表面装饰。

4. 文艺复兴时期：齿形在这时期继承了前面时期的应用，并更加华丽和大胆。

5. 巴洛克时期、洛可可时期及新古典主义时期：齿纹在建筑外观、室内和家具上的应用最多，齿纹的样式也较丰富，已经成为一种不可缺少的装饰式样。

齿纹设计应用建议：

运用原则：

多用在建筑及家具的边角，常作为辅助形图案。

使用建议：

1. 空间：客厅、餐厅、过道、卧室、书房等可使用齿纹作为吊顶造型设计、墙面造型设计、隔断造型设计；也可选用带有齿纹图案的家具、灯具、壁纸、布艺、玻璃、装饰品配合运用；

2. 厨房、主次卫生间等可使用带有齿纹的瓷砖作为表面装饰图案选择；橱柜、洁具用具表面装饰图案选择；

3. 色彩：建议空间主色调采用古罗马时期的比较强烈、丰富的色彩。尤其是从泥土和矿物颜料中提取出来的红色、黑褐色和紫黑色，也是这个历史时期豪华住宅中古罗马风格装饰的特征。

元素溯源

古埃及时期齿纹

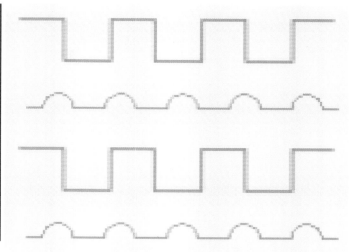

古希腊时期齿纹

古罗马时期齿纹

01　古埃及·木椅·椅背上部有圆齿纹

02　古埃及第6王朝的假门石碑·有齿纹的痕迹

03　大英博物馆中的古希腊神庙

04　古希腊·赫拉神庙前部

05　古希腊埃瑞克透斯神庙·檐饰的齿纹

06　古罗马的神庙内部

07　世界美术全集：建筑卷·樊文龙·扫描版

08　古罗马·帕尼尼所绘的万神殿内景

早期基督教与拜占廷时期齿纹

01

02

03

仿罗马风格时期齿纹

04

05

06

07

哥特风格时期齿纹

08

09

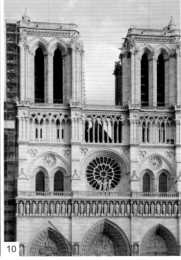
10

01 意大利威尼斯·圣马可大教堂	05 仿罗马风格时期·意大利·比萨洗礼堂特写	10 巴黎圣母院正面圆窗上的齿纹
02 拜占廷·意大利威尼斯·圣马可大教堂局部特写	06 仿罗马风格时期·法国·圣塞南教堂特写	
03 圣瑟古斯和圣巴楚斯教堂	07 仿罗马风格时期·法国·圣塞南教堂	
04 仿罗马·意大利·比萨洗礼堂	08 阿西西圣方济教堂内的湿壁画	
	09 阿西西圣方济教堂内的湿壁画	

文艺复兴时期齿纹

巴洛克风格时期齿纹

洛可可风格时期齿纹

新古典主义时期齿纹

01　文艺复兴·浮雕人物箱柜　　　　　　06　俄罗斯圣彼得堡冬宫的亚历山大会议厅
02　文艺复兴·卢浮宫的雕刻　　　　　　07　巴黎歌剧院（部分景观）
03　维也纳美泉宫的门口雕塑　　　　　　08　巴黎歌剧院·楼梯上齿纹雕饰
04　巴洛克时期·凡尔赛宫礼拜堂内部·齿纹
05　卢浮宫的阿波罗厅（1661～1662年）

现代设计范例说明

01 欧式风格室内中的齿纹通常做吊顶的装饰纹，有直接运用的也有经过的齿纹

01

01 欧式风格室内中的齿纹通常做吊顶的装饰纹，有直接运用的也有经过的齿纹　　02 欧式风格室内中的齿纹通常做吊顶的装饰纹，有直接运用的也有经过的齿纹

01　欧式风格室内中的齿纹通常做吊顶的装饰纹，有直接运用的也有经过的齿纹　　03　中式风格室内装饰中，齿纹的运用，就显得灵活一些
02　欧式壁炉中的仿建筑的齿纹装饰

SHI ZI JIA WEN ☥

十字架纹

元素

十字架纹饰简介：

　　说到十字架，人们往往马上就会想到基督。的确，在基督教中，十字架则主要是上帝与人和好的福音的象征，所以十字架成为基督教的标志，象征着圣子耶稣背负着世间的罪恶受难，通过自身的痛苦为人类做出救赎，十字架代表了耶稣由一个人变成一个神的过程，对于教会而言，十字架就是蕴涵着耶稣基督神性的标志，信徒尤其钟爱这个标志。因此，十字架既代表基督本身，又代表基督教信仰，就有了"信仰"、"拯救"、"基督"、"福音"等象征意义。此后，十字架也逐渐成为了一种具有超出基督教义本身的装饰物。

　　除了基督教以外，世界上其他地区、民族也都有十字架样式的图腾，有些也同样具有信仰上的象征意义，有些则只是用作装饰。因此，这里将十字架作为一种装饰纹样来讨论，也具有广泛意义。

十字架纹饰基本形式提炼：

十字架基本形式

十字架纹饰演变形式提炼：

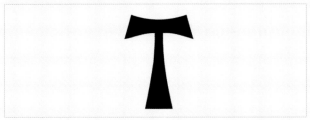

十字架演变形式

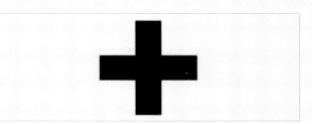

十字架演变形式 01

十字架演变形式 02

十字架演变形式 03

十字架组合形式 01－十字架与菱格

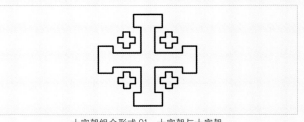

十字架组合形式 01－十字架与十字架

十字架纹饰历史发展演变概述：

再次要说明的是，我们这里谈论的"十字架"不是狭义上的指基督教中耶稣受难的十字架，而是将其看作是一种装饰性纹样来解读。

在世界文化史中，"十"字形状早被用为各民族的宗教象征。例如，古代常见的轮形十字和钩形十字，在欧洲、亚洲和非洲及美洲土著居民中多为"太阳"、"星辰"、"生命"、"幸福"、"运气"等象征。这些十字标志及其象征意义后来被古印度宗教、古希腊宗教等民族性宗教所采用，并传入佛教、基督教等世界性宗教之中。

现今最早的十字架出现于石器时代，是人类精神文明中最早出现的图腾之一。原始的十字架有一个很大程度不同于现代十字架的地方在于它是等边的。在基督教建立之前，"异教"普遍用十字架来赞颂太阳，祝福灵魂之美德，祈祷丰饶等祭祀活动。

1. 古埃及时期： 古埃及时期的十字架称为"安卡"，是很具有代表性的一种十字架形式，它上边是一个环型，下方的"T"型代表了男人，象征着现世；上边的圈代表女人，代表丰饶的太阳，以及灵魂不灭的来世。埃及人的灵魂不灭观，以及对女神的崇拜就体现在此，意义就是"复活"。在埃及，它与日轮在一起作为生命的象征，也叫"生命十字"。作为埃及最古老的神灵之符，一般是成群出现在埃及的石壁、用器、绘画上。

2. 古希腊时期： 十字架并不代表痛苦，而是代表地球的四个方向，表现福音的传布。希腊的十字架曾经是东部教堂的平面图。这个标志看似粗浅，其实蕴藏了人类智慧原始的萌芽。两条相交的线段代表了天地万物的二极，男与女，生与死，躯体与灵魂等种种相对立的两样存在，通过原始的膜拜和祈祷诉求二者的和谐统一。从古希腊起，十字架就已经出现很多变化，应用也比较广泛，主要出现在建筑、用器、家具等方面。

3. 拜占庭时期： 拜占庭十字架，基本上保持拉丁十字的样式，在宗教的建筑和艺术、用器等方面都有应用。基督教十字架，根据基督教圣经故事：公元 世纪初，耶稣在各地传教时，遭到犹太教当权者的反对，以"谋反罗马"罪将他逮捕，送到罗马驻犹太总督彼拉多那里，后被钉死于十字架。基督教认为，耶稣是为了替世人赎罪而被钉死于十字架的，故尊十字架为信仰标记。于是，在基督教教堂内要陈设十字架或耶稣钉在十字架上的"受难像"，教堂的屋顶要立十字架，圣徒生前要戴十字架，他们死后墓前还要立十字架。

4. 文艺复兴时期、巴洛克与洛可可时期： 此时的十字架应用于宗教方面已经不再那么浓了，慢慢转向了装饰和艺术色彩。

5. 新古典主义时期： 最著名的是德国的铁十字勋章，它的原型是马耳他十字，此时十字应用已经非常广泛。

十字架纹饰设计应用建议：

运用原则：

从古到今，十字架的式样很多，一般来说，主要有 4 种形式：希腊式十字架四臂等长，呈正方形，东正教使用它；拉丁式十字架下垂之臂长于其他三臂，呈长方形，天主教使用它；三出十字架又称圣安东尼十字架，呈丁字形；侧置十字架又称圣安德烈十字架，呈罗马数字"X"形。

使用建议：

1. 空间：客厅、餐厅、过道、卧室、书房等可使用十字架作为吊顶造型设计、墙面造型设计、隔断造型设计的基本元素；也可选用带有十字架图案的家具、灯具、壁纸、布艺，或单独的十字架装饰品配合运用。此外，十字架还可与其他纹样组合使用，如十字架与菱格纹的组合、十字架与十字架的组合。

2. 色彩：建议空间主色调采用古希腊时期纯红和纯白，饱和、明亮的黄色、蓝色、绿色和金色也很常见，总体来说纯度很高的色彩。

元素溯源

古埃及时期的生命十字架

古希腊时期十字架

早期基督教与拜占廷时期十字架

01 古埃及壁画

02 古埃及图坦哈蒙法老墓中的金制"安卡"

03 阿蒙神的金色小雕像·左手拿的就是 ankh

04 古埃及壁画

05 古埃及图坦哈蒙法老墓中装饰柜

06 古埃及的塞姆墓葬石碑·中间的人物雕刻手中拿的是生命十字"安卡"

07 古埃及第 18 王朝的木刻镶板·上有生命十字的图案

08 古希腊爱琴海文明的陶制牛头形容器·绘有等边长的十字纹

09 拜占廷时期·意大利威尼斯·圣马可大教堂悬挂十字架

10 拜占庭·意大利威尼斯藏·银制镀金圣爵·（10 世纪·支脚处有十字架）

哥特风格时期十字架

01

02

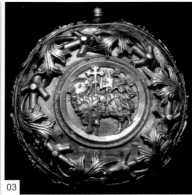
03

04

文艺复兴时期十字架

05

巴洛克风格时期十字架

06

现代设计范例说明

07

01	哥特时期·德国·神圣罗马帝国之冠（962 年）·维也纳艺术史博物馆	04	中世纪·林道福音书之封面·美国摩根图书馆藏	07 室内天花边沿以组合的十字纹来装饰
02	哥特时期·十字架圣坛（973 年～ 982 年）·艾森的大教堂宝库收藏	05	文艺复兴时·贝雕《耶稣生平》	
03	圣礼容器	06	巴洛克风格时期·金属制品祭坛（17 世纪）·德国奥格斯堡制作	